Ernst Paul Dörfler

DAS LIEBESLEBEN DER VÖGEL

Mit Illustrationen von Ute Bartels

Hanser

Teile dieses Buches stellen eine Weiterentwicklung des Bandes *Liebeslust und Ehefrust der Vögel* dar, der 2013 im Saxophon Verlag erschienen ist.

3. Auflage 2024

ISBN 978-3-446-27971-1

Dieses Werk wurde vermittelt durch
die Michael Meller Literary Agency GmbH, München
Illustrationen (Umschlag und Innenteil): © Ute Bartels
Umschlag: Anzinger & Rasp, München
Satz: Greiner & Reichel, Köln
Druck und Bindung: GGP Media GmbH, Pößneck
Printed in Germany

FSC
www.fsc.org
MIX
Papier | Fördert gute Waldnutzung
FSC® C014496

INHALT

EINLEITUNG

Liebes lesendes Weibchen bis Männchen,

es gibt Momente im Leben, da könnte man sich fragen, ob wir, die Gattung *Homo sapiens*, tatsächlich für lebenslange Beziehungen, für Ehe und Familie geschaffen sind. Blicken wir auf unsere nächsten Verwandten, die Klasse der Säugetiere, mit denen wir die meisten Gene teilen, dann müssen wir diese Frage klar verneinen. Egal ob Schimpanse, Hirsch, Hase oder Maus – die Bindung zwischen den Partnern zweierlei Geschlechts hält nur für die kurzen Momente des Hochgefühls. Eheähnliche Beziehungen oder gar Vater-Mutter-Kind-Familien lassen sich in unserer biologischen Verwandtschaft nur schwer finden. Typisch für Säugetiere sind Mutter-Kind-Familien. Der Vater macht sich gewöhnlich aus dem Staub. Es sind seltene Ausnahmen, wie bei Wolf und Biber, wo die Bande zwischen den beiden Geschlechtern kein rasches Verfallsdatum kennt und eine Partnerschaft zum beiderseitigen Vorteil und zum Nutzen der familiären Nachkommenschaft tatsächlich gelebt wird.

Das Zusammenleben der Geschlechter ist in der Tat höchst verschieden. Sich paarweise zusammenzufinden, um den Lebensalltag gemeinsam zu meistern, ist keineswegs der Normalfall. Bei den hoch entwickelten Säugetieren läuft die Sache oft ganz anders. Da begegnen sich Mann und Frau nur für ein kurzes Stelldichein. Es ist die Zeit der Begattung, oder anders gesagt: die Zeit der Befruchtung oder Zeugung. So kommen unsere Rothirsche im September zusammen, tragen ihre spektakulären Kämpfe aus, und der stärkste Hirsch erwirbt sich das Recht, die weiblichen Mitglieder des Rudels zu bespringen. Nach der erschöpfenden Aufgabe geht der Hirsch wieder seiner Wege und überlässt die Sorge um die Nachkommenschaft ganz und gar den Müttern. Der Nachwuchs muss ohne väterlichen Beistand auskommen und rasch auf eigenen Beinen stehen.

Anders sieht es in der Welt der Vögel aus. Um die Leichtigkeit und damit die Flugfähigkeit zu gewährleisten, haben die Vögel im Gegensatz zu den Säugetieren die Schwangerschaft in ein Nest ausgelagert. Hierbei hat sich der paarweise Zusammenschluss als nützlich erwiesen. Der Nestbau, das Brüten, das Verteidigen und das Versorgen der oft völlig hilflosen Jungvögel lassen sich im partnerschaftlichen Zweierteam leichter bewältigen als allein. Mehr als zwei sollten es aber auch nicht sein. Die meisten Vögel favorisieren gerade diese Zweierbeziehung zwischen Männchen und Weibchen. Warum tun sie das? Sind mehr als zwei Partner an einer Partnerschaft beteiligt, steigt die Wahrscheinlichkeit von Konflikten. Jeder dritte Beteiligte kann zum Störfaktor werden. Das ist nicht anders als bei den Menschen. Dreieckskonflikte füllen nicht umsonst unendlich viele Romane und Filme. Weibchen tolerieren meist ebenso wenig andere Weibchen in ihrer Umgebung wie Männchen andere Männchen. Während der Paarungszeit gibt es keine Kompromisse, und so vertreiben Männchen wie Weibchen ganz entschieden ihre Geschlechtsgenossen und Geschlechtsgenossinnen. Sie wollen ihren Partner nicht mit anderen Vögeln teilen müssen. Bei diesen Ansprüchen bietet sich das Familienmodell geradezu an.

Auch wenn den Vögeln Gefühle wie Liebe nicht oder nur unter großen Vorbehalten zugestanden werden, sind sie es, die sich so eindeutig wie keine zweite Tierklasse für Partnerschaften zum Nutzen für die ganze Familie und damit auch für ihre Arterhaltung entschieden haben. Es mag für manche Leserin irritierend klingen, wenn in diesem Buch über Vögel und gleichzeitig über Liebe, Ehe und Familie erzählt wird, über Kategorien, die wir normalerweise für uns beanspruchen. Ich erzähle aus dem

Leben der Vögel in unserer menschlichen Alltagssprache, um lebendigere Bilder entstehen zu lassen, um die Lesefreude und den Erkenntnisgewinn zu steigern. Ornithologische Fachbegriffe verwende ich eher sparsam, schließlich ist es ein Buch, das auf unterhaltsame Weise Naturwissen barrierefrei vermitteln und begeistern will.

Je mehr die Wissenschaft in die Geheimnisse der Vogelwelt vordringt, umso mehr müssen wir erkennen, dass wir Menschen den Vögeln viel näher stehen, als wir bislang glaubten. Vögel sind lernfähig, so wie wir Menschen, und sie haben Gefühle wie wir. Ich benutze deshalb gern Mensch-Vogel-Vergleiche und halte sie nicht für abwegig, beleidigend oder gar für unzulässig. Sie sind eine bewährte Methode, um Aufmerksamkeit und Interesse an der Natur zu steigern. Nicht zuletzt wird die Botschaft vermittelt: Das alles hat auch etwas mit mir zu tun!

Beziehungsfragen gehören für uns Menschen zu den wichtigsten Themen unseres Daseins. Kein Tag vergeht, ohne dass wir darüber nachdenken. Für die meisten Vogelarten ist die Sache glasklar: Seit Millionen von Jahren praktizieren sie ein ehe- und familienartiges Zusammenleben in unendlich vielen Spielarten – mit Erfolg, wie wir erfahren werden! Um Moral und Anstand ihres Benehmens kümmern sich Vögel nicht. Aus tradierten Verhaltensweisen auszubrechen kommt ihnen nicht in den Sinn, auch wenn diese für manches Individuum Enttäuschungen versprechen. Jeder Kohlmeisenpapa muss damit leben, dass er nicht mit allen Küken im Nest verwandt ist. Unter den Hühnervögeln kann sich jeder Hahn freuen, der es überhaupt jemals zur Vaterschaft bringt. Was man den Vögeln abgucken kann, ist die Vielfalt. In einer sich ständig verändernden Welt hilft ihnen Diversität, Anpassung zu ermöglichen, auch bei kooperativen sozialen Beziehungen.

Die Vögel waren lange vor uns auf dieser Erde. Schon seit über

150 Millionen Jahren bewohnen sie diesen Planeten. Damals war an uns noch nicht zu denken, unser Bauplan noch längst nicht entworfen. Menschen treiben sich erst seit gut einer Million Jahren auf der Erde herum, *Homo sapiens* erst seit 200 000 Jahren. Die Vögel haben demzufolge einen gewaltigen Vorsprung in Überlebensfragen.

DIE PARTNERSUCHE BEGINNT

Bevor an Familie zu denken ist, ja, bevor überhaupt eine Beziehung zustande kommt, müssen sich die Beteiligten erst einmal gefunden haben. Bei uns Menschen ist inzwischen das Internet nach dem Kennenlernen im Freundeskreis die wahrscheinlichste Möglichkeit, eine Partnerin oder einen Partner zu finden.

Vögel finden meist dort zueinander, wo die ihnen bekannten Lieder erklingen. »Wo man singt, dort lass dich ruhig nieder«, diese Volksweisheit, die auf den Dichter Johann Gottfried Seume (1763–1810) zurückgeht, gilt offenbar auch für Vögel. In vertrauten Gefilden klingt es nach Heimat. Es ist schlüssig: Dort, wo man es selbst geschafft hat, das Erwachsenenalter zu erreichen, sollten die Bedingungen auch für den Nachwuchs stimmen. Doch in einer zunehmend dynamischen und verwundbaren Welt kann das ein Trugschluss sein. Oft genug macht sich deshalb der Mensch auf den Weg in eine neue Heimat. Die Kinder sollten es einmal besser haben. Und die Vögel?

Für Vögel ist die Heimat unstrittig: Sie ist und bleibt ihr Geburtsort. Dessen Koordinaten werden bei vielen Arten lebenslang abgespeichert und vererbt. Dorthin kehren Zugvögel nach jeder Flugreise zurück, und die sesshaften Standvögel verlassen ihre Heimat erst gar nicht, sie streifen bestenfalls umher. Sich in der bekannten heimatlichen Umgebung umzuschauen ist sinnvoll und leicht zu erklären, denn ein Waldvogel wird seinen Partner kaum in einer baumlosen Ackersteppe finden, und ein Wasservogel wird sich in Wüsten verlassen vorkommen.

Doch es gibt auch zahlreiche Ausnahmen. Notgedrungen wandern Tiere aus, wenn der Platz in der alten Heimat eng oder die Nahrung knapp wird. Und nicht selten entfernen sich Männchen oder Weibchen, um in der Fremde die Gene zu durchmischen.

Bei den Singvögeln, die im Frühling in unseren Wäldern, Parks und Gärten eintreffen, ist beziehungsmäßig noch alles offen. Sie gehen im Herbst frei und ungebunden auf die Reise und kommen ledig in ihrer Heimat an. Dabei ist es gleichgültig, ob sie im Schwarm fliegen oder als Alleinreisende unterwegs sind. Einmal angekommen, suchen sich die Vogelmännchen ein Revier, einen guten Platz zur Familiengründung. Ohne eigene Immobilie mit einer guten Futtergrundlage läuft rein gar nichts. Am liebsten beziehen die Vögel jenen Ort, an dem sie im Vorjahr gewohnt haben. Ist der Platz noch nicht besetzt, kann alles gut werden. Hier gilt das alte Sprichwort aus der Müllerzunft: »Wer zuerst kommt, mahlt zuerst.« So beeilen sich die Vogelmännchen nach Kräften. Sie kommen oft ein bis zwei Wochen vor den Weibchen an und halten den Platz an ihrer Seite ganz gentlemanmäßig, aber nicht ganz uneigennützig von Konkurrenz frei.

Bei einigen wenigen Vogelarten beginnt das Beschnuppern schon deutlich früher. Es sind die Reisebekanntschaften. So kann es durchaus während einer Fernreise durch Afrika, im Winteraufenthalt am Mittelmeer oder unterwegs auf den Flugrouten zwischen zwei Vögeln funken, so wurde es gelegentlich bei Störchen festgestellt. Wenn sie dann im Frühling in ihren Brutgebieten ankommen, sind sie schon verpaart. Sie nutzen die kollektive Flugreise, das gemeinsame Segeln und Landen, um sich kennen und vielleicht auch lieben zu lernen. Die gefahrvollen und anstrengenden Zeiten und die Bewährungsproben bieten gute Gelegenheiten, um die Stärken und Schwächen eines möglichen Partners in Erfahrung zu bringen. Doch die eigentlichen Flitterwochen gehen erst in den heimatlichen Gefilden los.

BUCHFINK, GOLDAMMER, PFAU –
Eine Frage des Stils

Die Hauptakteure bei der Anbahnung einer Beziehung mit Familienperspektive sind die Vogelmännchen – zunächst jedenfalls. Sie präsentieren sich von ihrer besten Seite! Ihr Bühnenauftritt findet oft an exponierten Orten statt, auf einem Ast, auf einer Baumspitze oder gar im Luftraum. Für Männchen ist es im Frühling Pflicht, aufzufallen, wenn sie Erfolg bei den Weibchen haben wollen. Neben der akustischen Darbietung spielt daher das Aussehen eine große Rolle. Nur mit gepflegtem Äußeren lässt sich das Interesse des anderen Geschlechts wecken. Ein liederliches Federkleid bietet dagegen keinen Anlass für weibliche Zuneigung. Hinzu kommen weitere optische Reize. Als Hingucker werden kräftig schillernde Farben und blinkende Abzeichen vorgezeigt.

Während sich Menschen im Laufe des Älterwerdens Sorgen um ihr Aussehen machen, haben Vögel einen beneidenswerten Vorteil: Man sieht ihnen ihr Alter nicht an! Graue Haare und Falten im Gesicht? – Fehlanzeige! Im Gegenteil: Die Farbenpracht der Männchen nimmt mit dem Älterwerden sogar zu, und auch die Weibchen bewahren ihre Schönheit und sind bis ins Sterbejahr fortpflanzungsfähig.

Jede Vogelart hat strenge Standards fürs Aussehen, man trägt eine Art Uniform mit gewissen Extras. Diese Uniform unterliegt tatsächlich modischen Veränderungen, die sich allerdings nicht in jeder Saison, sondern nur im Laufe von Jahrhunderten bemerkbar machen. Fast Fashion ist unbekannt. Den entscheidenden Einfluss auf den Modetrend nehmen die Weibchen über die sexuelle Selektion, also über ihre Partnerwahl. Sie allein entscheiden, was gefällt und auf wen sie sich einlassen wollen. Unfreiwillig schwanger zu werden ist für sie kaum eine reelle Gefahr, denn der Körperbau der Vögel lässt erzwungenen Sex nicht zu. Schon aus diesem Grund müssen die Männchen öffentlich brillieren, um die Weibchen für sich zu gewinnen.

Schauen wir uns den zahlenmäßig am häufigsten in Mitteleuropa vorkommenden Vogel an, es ist – wer hätte es erwartet? – der sangesfreudige Buchfink. Seine kaum überhörbaren Liedstrophen beginnen mit einem harten »Finkenschlag«, einem Trillern, und am Schluss folgt ein sogenannter Überschlag, man könnte ihn auch als Ausrufezeichen deuten. Überlieferte Merksprüche lauten: »B-b-b-b-bin ich nicht ein schöner Bräutigam!« sowie »Ich, ich, ich bin der Unteroffizier!«, in neuerer Zeit wird »B-b-b-b-bring mir ein Glas mit Weizenbier!« bevorzugt.

Der Buchfink hält sich gern in der oberen Etage von Bäumen auf und legt dort auch sein Nest an. Zur Futtersuche kommt er jedoch gern auf den Boden. Dabei begegne ich ihm häufig an Wegrändern im Wald, eine gute Gelegenheit, ihn genauer in Augenschein zu nehmen. Die kontrastreichen weißen Binden an Schultern und Flügeln fallen als Erstes auf – und zwar bei beiden Geschlechtern. Darüber hinaus hat das Männchen mit seinem Prachtkleid großartige Farbkompositionen zu bieten: Seinem blau-grauen Oberkopf schließt sich eine rot-braune Kopf-Hals-Partie an, sein Rücken erstrahlt moosgrün, die Bauchseite tendiert farblich ins Rosa. Besonders bei Sonnenschein im Frühling verblüffen diese Farben, denn in der Zeit der Werbung erreicht die Schönheit ihren Höhepunkt. Das ist kein Zufall, die Weibchen wollen es so, und sie honorieren es – nicht nur durch ihre Bewunderung.

Auf die Goldammer trifft man niemals im tiefen Wald, sondern in abwechslungsreichen, offenen Landschaften mit Büschen und Hecken. Im zeitigen Frühjahr aus dem Mittelmeerraum zurückgekehrt, machen sich die Männchen mit dem immer gleichen Lied bemerkbar: »Wie-wie-wie-hab-ich-dich-lieeeeb.« Sie flirten mal mit diesem, mal mit jenem Weibchen, und die Weibchen fliegen mal in dieses und mal in jenes Männchenrevier zum gemeinsamen Probewohnen ohne Trauschein. Man beschnuppert und beäugt sich und findet sich sympathisch oder eben nicht. Das ist eine Art Verlobung light, die eben mal schnelle Verlobung mit der Möglichkeit einer schnellen Entlobung.

Bei den Goldammern suchen sich die Weibchen gern das im wahrsten Sinne des Wortes goldigste Männchen aus. Der leuchtend gelbe Kopf und die kräftig gelbe, gestrichelte Unterseite sind zusammen mit der rötlichen Brust und bräunlichen Flügeldecken eine Augenweide ersten Ranges, dazu der Bürzel in edlem Zimtbraun.

Die Fähigkeit, auf jedes noch so kleine Detail zu achten und zwischen den Bewerbern zu vergleichen, ist ein maßgebliches Indiz für ein vorhandenes Bewusstsein der Vögel, so sieht es die Biologin Eva Jablonka von der Universität Tel Aviv. Es ist das wählerische Verhalten der Weibchen, es sind ihre hohen Ansprüche an farbliche Harmonie und an Ästhetik, die im Laufe der Evolution zur Herausbildung von Schönheit in der Natur geführt haben – und das schon seit über einhundert Millionen Jahren!

Ihnen, den Vogelweibchen, haben wir die Erfindung der natürlichen Schönheit zu verdanken, lange bevor der Mensch die Bühne betrat. Wir Menschen dürfen uns an den prachtvollen Kleidern erfreuen. Und doch sehen wir nur den halben Glanz, denn im Vergleich zu den Vögeln sind wir die »blinden Hühner«. Vogelaugen haben das zehnfache Auflösungsvermögen und nehmen ein breiteres Farbenspektrum bis weit in den UV-Bereich wahr. Wir Menschen ahnen nicht einmal, was uns an Schönheit und Anmut entgeht.

Die natürliche Schönheit ist kein rein äußerliches Phänomen, weder bei Menschen noch beim Vogel. Die begehrten Farbkomponenten sind ein Gemenge aus Karotinoiden, natürliche Farbstoffe, die uns von Karotten bekannt sind, aber auch in vielen anderen roten, gelben und blauen Früchten vorkommen. Schon über 800 verschiedene Substanzen wurden identifiziert, sie sind in der natürlichen Nahrung enthalten und werden vom Körper verwertet und in die Organe eingebaut, so auch in Haut und Gefieder. Diese Stoffe steigern zudem die Abwehrkräfte gegen alle möglichen Krankheiten. Wer sie im Überfluss hat, sieht nicht nur gut aus, er ist auch kerngesund. Die Schönheit ist somit ein Spiegelbild der inneren Verfassung, eines guten Ernährungszustandes, der Fitness und eines gesunden Selbstbewusstseins. All das ist den Weibchen bei der Partnerwahl sehr wichtig.

Was uns kaum bewusst ist: Vögel haben es schon lange vor uns Menschen geschafft, das Schöne mit dem Nützlichen zu verbinden. Dieser Leitsatz aus der Epoche der Aufklärung wurde erstmals in der Gestaltung des heutigen UNESCO-Welterbes »Dessau-Wörlitzer Gartenreich« vor gut 200 Jahren in einem Landschaftspark realisiert, der Obstanbau sowie Methoden der ökologischen Landwirtschaft in den landschaftlichen Zauber integrierte. Mit ihrem Federkleid haben Vögel dieses Prinzip vorweggenommen: Das Gefieder schützt vor Kälte und Hitze gleichermaßen, es entspricht einer CO_2-neutralen Klimaanlage und zeigt damit einen Weg zum effizienten Einsatz von Energie – ein für uns Menschen bleibend aktuelles Thema.

In eben diesem Park – wie auch in vielen anderen Parkanlagen weltweit – lebt jene Vogelart mit dem wohl opulentesten Gefieder und der verblüffendsten Federzeichnung, der Pfau.

Er gilt in vielen Kulturen als Symbol für Schönheit, Reichtum, Stolz, aber auch für Arroganz und Eitelkeit. Der Pfau geht regelrecht verschwenderisch mit Farben, Mustern und Dimensionen um. Der Hahn ist an Hals, Brust und Bauch leuchtend blau. Je nach Lichteinfall kann das Gefieder grünlich und golden schimmern. Auf seinem Kopf thront eine fächerförmige Federkrone.

Seine Besonderheit sind die Schwanzdeckfedern, sie können bis zu anderthalb Metern Länge wachsen. Diese »Schleppe« kann der Hahn zu einem fächerförmigen Rad mit strahlenden »Augen« aufrichten. Sie sollen Fressfeinde abschrecken. Ganz sicher aber dienen diese visuellen Ornamente der Partnerwahl als Indikator für die genetische Fitness des Bewerbers. Zur Balz richtet der Hahn seine »Augenfedern« nicht nur zu einem Rad auf, er erzeugt durch wiederholtes Federnzittern ein bemerkenswertes Rasselgeräusch. Beim Fliegen wirkt die lange Schleppe eher als

Behinderung, denn das »Federgewicht« ist alles andere als federleicht. Ein so ausgestatteter Pfauenhahn schafft es gerade mal so, auf einen Baum zu fliegen, um einem Raubtier zu entkommen. Doch gerade dieses Handicap gilt für die Weibchen als ein Beweis für eine hohe Überlebensfähigkeit und für gute Gene. Es gilt das Prinzip der größten Behinderung: Die Hähne, die es trotz größter Flugbehinderung geschafft haben zu überleben, sind unter den Hennen am gefragtesten. Nach Abschluss der Balz samt Paarung folgt die Mauserzeit, und die ganze Pracht wird als unnützer Ballast abgeworfen.

AMSEL – Liebeslieder

Seit die Menschen auf der Erde unterwegs sind, werden sie von den Liedern der Vögel begleitet. Wahrscheinlich waren Vögel die ersten Musiklehrer unserer Vorfahren und regten zur Nachahmung an. Egal ob bei der Jagd, beim Ackerbau oder auf der Weide beim Hüten von Schafen und Ziegen – Vögel waren zu jeder Zeit, an jedem Ort dabei. Aus diesen engen Beziehungen entstanden im Laufe der Jahrhunderte ganz sicher auch viele Volkslieder, in denen gerade die Amsel oft eine tragende Rolle spielt, wie in der »Vogelhochzeit« und in »Alle Vögel sind schon da«.

Neben der Vokalmusik hat auch die Instrumentalmusik eine lange Geschichte. Das älteste erhaltene Musikinstrument wurde in der Schwäbischen Alb 2008 in der Höhle »Hohle Fels« bei Blaubeuren entdeckt. Es ist eine 35 000 Jahre alte Flöte, die in der Steinzeit aus einem Knochen des Gänsegeiers gefertigt wurde. Andere erhaltene Flöten mit Grifflöchern fand man in der »Geißenklösterle-Höhle«, kunstvoll hergestellt aus Schwanenknochen. Somit inspirierten Vögel nicht nur zum Singen, sie lieferten auch das Rohmaterial für die Musikinstrumente.

Schon sehr früh kam der Mensch auf die Idee, Vögel zu fangen und sie als Unterhaltungskünstler in den eigenen vier Wänden zu halten. Der Beruf des Vogelfängers galt einst als ehrbar und einträglich. Amseln, Finken, Hänflinge, Gimpel und Rotkehlchen gehörten zu den beliebtesten »Stubenvögeln«, die auch bei armen Leuten frei in der Stube umherflogen. Eingefangene ältere Amseln standen nach Christian Ludwig Brehm in dem Ruf, den Genuss des Gesanges »in seiner ganzen Reinheit« zu bieten, wie er im *Handbuch für den Liebhaber der Stuben-, Haus- und aller der Zähmung werthen Vögel* (1832) schrieb. Von Hand aufgezogenen Vögeln brachte man dagegen auch eigene Melodien bei.

Im Mittelalter soll es unter adeligen Damen den Brauch gegeben haben, den Vogelkäfig samt Singvogel gut sichtbar auf der Fensterbank zu platzieren, um dem heimlichen Liebhaber zu signalisieren, dass er just in diesem Moment zum Stelldichein kommen möge, da sich der Hausherr gerade auf Reisen befand. Egal ob dem Vogel zum Singen zumute war: Dem Liebhaber wurde damit ein Zeichen gesetzt, dass er »zu den Vögeln gehen« durfte. Daraus soll sich irgendwann das geflügelte Wort vom »Vögeln« entwickelt haben. So weit zur romantischen Verklärung. Zum wahrscheinlicheren Ursprung später mehr.

Das »Vögeln« unter Vögeln ist erwiesenermaßen ein Saisongeschäft. Die Hochsaison beginnt im Frühling und endet ziemlich abrupt im Sommer. Warum ist das so? Der Frühling ist die fruchtbare Jahreszeit – in jeder Beziehung. Nahrung und Wasser gibt es in Hülle und Fülle, dazu Sonne und Wärme. Um das Hundertfache steigen in dieser Zeit des Aufbruchs die Hormongehalte im Blut. Die Testosteronflut treibt die Männchen zu Höchstleistungen an. Auch der Gesang ist letztlich ein Ergebnis der Hormonschwemme, der Vogel kann nicht anders: Er muss singen. Das Sexualhormon lässt ihm keine Wahl.

Jedes Jahr im Frühling läuft eine Art Wahlkampf ab, bei dem die Männchen die Wahlkandidaten und die Weibchen die Wahlberechtigten sind. Die Männchen präsentieren sich. Bunte Werbung allein genügt den Weibchen aber nicht. Nicht nur der Schönste, es sollte auch der Gesündeste und der Kräftigste sein. Der Gesang des Männchens gilt als Indiz für seine Fitness. Es sind schwierige Entscheidungen von großer Tragweite. Bei den meisten Singvögeln hält sich das Risiko einer unglücklichen Partnerwahl allerdings in Grenzen, denn bei ihnen geht es meist nicht um den Partner fürs Leben, nicht um Bindung für alle Ewigkeit. Ein Irrtum straft nicht für das ganze Leben ab. Die aktuelle Saison steht im Blickpunkt – nicht mehr, aber auch nicht weniger. Das dazugehörige Modell heißt Saisonehe mit anschließender Saisonfamilie.

Eine erste Kontaktaufnahme erfolgt in der Vogelwelt oft frei nach dem Motto: »Was sich neckt, das liebt sich.« Das Männchen nimmt ein Weibchen in den Blick und nähert sich, das Weibchen flieht. So läuft das Spiel eine ganze Weile, manchmal tagelang. Erst wenn die weiblichen Fluchttendenzen nachlassen, kommen zwei Vögel sich wirklich näher. Um sich zu vereinigen, müssen die Distanzen, die normalerweise einzuhaltenden Mindestabstände zwischen den Vögeln, abgebaut werden. Denn was bei den Pflanzen durch Windbestäubung möglich ist, klappt bei Tieren nicht. So kommen Vögel nicht umhin, sich »auf die Federn« zu rücken. Um die Hemmungen abzumildern und die Gefühle anzugleichen, bedarf es geeigneter Rituale, der Balzspiele. So können sich die Partner in Stimmung bringen und die Lust zur Vereinigung wecken – oder auch nicht.

Läuft alles nach Plan, piepst es bald im Nest, der Nachwuchs meldet sich zu Wort und fordert seinen Tribut. Spätestens dann ist Schluss mit heißer Frühlingsliebe. Sie ist genauso rasch verflogen wie aufgeflammt. Doch der Reihe nach.

Schon in den ersten milden Tagen des Jahres hören wir – zualllererst in den wärmebegünstigten Städten – melancholisch-sehnsuchtsvoll anmutende, tiefe, warme Flötentöne. Man könnte sie als Liebeslieder ansehen. Interpret ist die Amsel, genau genommen der Amselmann, ein begnadeter Sänger, feierlich im schwarzen Anzug gekleidet. »Blackbird« nennen die Briten treffend diesen Vogel, die Franzosen »Merle noir«. Im Althochdeutschen klingt der Name lieblicher: »Amsula«.

In Deutschland gilt die Amsel als zweithäufigster Brutvogel. Jeder sollte die Amsel schon gesehen und gehört haben. Falls nicht: Augen und Ohren aufgesperrt! Wenn der Amselmann sich in Szene setzt und zum Gesang anhebt, kann man eigentlich nichts anderes tun als innehalten, den Blick nach oben richten und staunen, mit welchem Einsatz der kleine Kerl seine wohlklingenden, für menschliche Ohren gefälligen Flötentöne von der Baumspitze oder dem Dachfirst erschallen lässt. Amselmännchen zeichnen sich als Sänger mit einem großen Strophenrepertoire aus, sie gelten als kreativ in der Erfindung, Kombination und Variation von Motiven. Männchen können über 30 verschiedene Gesangsmotive beherrschen. Als Zuhörerin muss man Geduld haben, bis ein Strophentyp sich wiederholt. An ihren Lieblingsmotiven können wir die einzelnen Sänger durchaus unterscheiden. Die ersten Töne einer Strophe haben individuellen Charakter, damit stellt der Vogel sich quasi namentlich vor. Hinzu kommen lokale Gesangstraditionen, gewissermaßen Dialekte. Von der Funktion her wird zwischen dem kraftvollen Reviergesang von erhöhter Singwarte und dem leiseren, werbenden Balzgesang unterschieden. Mit seinen Liedern hat er eine wichtige Botschaft zu verkünden: »Dies ist mein Reich! Weibchen sind mir willkommen, Männchen mögen verschwinden!«

Nachbarmännchen, wenige Dutzend Meter entfernt, reagieren häufig mit einem Kontergesang eines ähnlichen Strophentyps, frei nach dem Motto: »Das, was du kannst, kann ich schon lange und noch viel besser.« Damit werden Reviergrenzen akustisch abgesteckt. Es lohnt sich vor allem im April und Mai, eine Stunde vor Sonnenaufgang den Kopf aus dem Fenster zu strecken oder zu einem Morgenspaziergang aufzubrechen. Zu dieser blauen Stunde erschallt ein pausenloses Konzert, das man nicht vergessen wird. Auch am Abend gibt es bis zur einbrechenden Dunkelheit eine weitere besonders stimmungsvolle Vorführung, allerdings mit reduziertem Engagement.

Der Amselgesang lässt sich gut in Noten wiedergeben und kommt unserem Harmonieverständnis recht nahe. Ein Original-Amselgesang wurde auch bei Paul McCartneys Song »Blackbird« verwendet.

Sind bei einem so begnadeten Sänger wie dem Amselmännchen die Weibchen zum Schweigen verurteilt? Keineswegs! Sie singen ähnliche Strophentypen, allerdings werden sie gedämpfter und seltener vorgetragen.

Vogelweibchen standen lange Zeit in der Forschung im Schatten der Männchen. Die lauten Männchen waren tonangebend, und die allgemeine Aufmerksamkeit galt ihnen. Die US-Ornithologin Karan Odom ermittelte indessen, dass bei 70 Prozent der untersuchten Vogelarten auch die Weibchen singen! Ihre stimmlichen Äußerungen konzentrieren sich allerdings weniger auf Verteidigung und Werbung, sie dienen mehr dem sozialen Zusammenhalt. Die Wissenschaftlerin machte damit auf eine Forschungslücke aufmerksam.

Es kann sehr schnell gehen, es können aber auch Tage und Wochen verstreichen, ehe sich ein Amselweibchen einfindet und Interesse an dem Sänger und seinem Vortrag bekundet. Als exzellente Zuhörerin beurteilt das Amselweibchen Lautstärke, Qualität und Klangreinheit. Je kraftvoller und wohltönender die Strophen dargeboten werden, umso besser fällt die Benotung aus.

Aber auch der Reichtum an Melodien, Variationen und Harmonien geht in die Bewertung ein. Wie schon bei der Schönheit finden wir im Liedgut und der Klangfülle eine faszinierende Vielfalt innerhalb der Vogelwelt vor, für die wir uns ebenfalls bei den Weibchen bedanken sollten. Sie haben die musikalische Auswahl getroffen. Männchen scheinen zu ahnen, worauf es ankommt, und bauen deshalb immer wieder neue Klänge in ihr Repertoire ein. Früher waren es oft die Pfiffe der Schäfer, heute sind es Tonfolgen von Musiktiteln, Handy-Klingeltönen oder Rettungsfahrzeugen, die nachgeahmt werden.

Lieder sind die bewährten Lockmittel bei allen Singvögeln. Je selbstbewusster die Liedstrophen vorgetragen werden, umso größer die Beachtung. Nur wer als kräftiger Sänger auffällt, hat die Chance, von der Weibchenwelt wahrgenommen zu werden. Mit diesem Balzverhalten zeigt das Männchen seine Absichten zur Paarung an, eine Art Heiratsbegehren. Amselweibchen verlassen sich jedoch nicht auf ein einzelnes Auswahlkriterium. Hinzu kommt ein kritischer Blick auf Schnabel und Augen. Ja, Amselweibchen schauen den männlichen Bewerbern tatsächlich tief in die Augen, um zu erkennen, wen sie vor sich haben. In einem kräftigen Orange sollten die Augenringe gefärbt sein, der Schnabel ebenso. Je intensiver diese Färbung, umso fitter und gesünder ist der Vogel. Genau darauf kommt es den Weibchen an. Blassschnäbel hingegen sind wenig beliebt.

Damit es den Amseln gut geht, lasse ich in meinem Garten das Herbstlaub liegen. Das klingt nach Faulheit, spart aber Arbeit und ist zugleich eine Einladung an die Vögel zum Bleiben. Gerade für den Winter müssen die Vögel Fettreserven aufbauen. Gern schaue ich der Amsel zu, wie sie dürres Laub Blatt für Blatt mit dem Schnabel hastig packt und ruckartig beiseite wirft. Der Lohn winkt unter der Laubschicht: Eiweißreiche Leckerbissen in Form von Schnecken, Asseln und Regenwürmern. Als Nachtisch gibt es die gelb-roten Früchte des Feuerdorns, der in der bunt gemischten Hecke seinen Platz gefunden hat. Im Spätwinter bedienen sich die Amseln auch an den Fruchtständen des Efeus. In all diesen intensiv gefärbten Früchten sind genau jene natürlichen Farbpigmente enthalten, die der Amselmann für die Perfektionierung seines Outfits braucht. So trägt meine nachlässige Gartengestaltung dazu bei, die Erfolgschancen für die Bewerbungen zu optimieren.

»Soll man Vögel ganzjährig füttern?« Diese Frage wird immer wieder gestellt. Mit Futter kann man Tiere aller Art anlocken und sich daran erfreuen. Doch mit Naturschutz hat das nichts zu tun. Das handelsübliche, chemieintensiv produzierte und meist importierte Futter, über dessen Herkunft und Qualität wir nichts wissen, macht die Vögel nicht lebenstüchtiger, sondern abhängiger. So wie der Mensch nicht von Brot allein leben kann, kann auch ein Vogel nicht ohne intakten Lebensraum gesunden Nachwuchs aufziehen. In einer ökologisch intakten Umgebung findet der Vogel sein Futter von selbst. Genau darum sollten wir uns kümmern, in der Stadt und auf dem Land. Das gut gemeinte ganzjährige Füttern schadet mehr, als es nutzt, das hat eine Studie der FU Berlin an Kohl- und Blaumeisen ergeben. Wird während der Brutzeit das handelsübliche Industriefutter angeboten, können auch die Küken darunter leiden, ja sogar daran sterben, denn Fett- und Körnernahrung können sie nicht verdauen, sie brauchen leicht verdauliches Eiweiß für ihr Wachstum. Die Natur bietet es gratis als frisches Lebendfutter – und zwar dezentral über die Fläche verteilt. Zentrale Futterstellen haben auch den Nachteil, dass sie zu unnatürlich hohen Individuendichten führen und zu Hotspots von Krankheitsübertragungen werden. Das Amsel-, Blaumeisen- und Grünfinkensterben tritt vor allem dort auf, wo ganzjährig gefüttert wird.

Eine internationale Studie von Wissenschaftlern aus den Baltischen Staaten und den USA kommt sogar zu dem Ergebnis, dass selbst eine regelmäßige Winterfütterung keineswegs empfehlenswert ist. Kohlmeisen mit permanenter Futterversorgung weisen ein höheres Körpergewicht, einen höheren Body-Mass-Index und damit verbunden eine verringerte Abfluggeschwindigkeit und Überlebensrate auf. Füttern macht Vögel dick und träge. Wenn wir Vögeln wirklich helfen wollen, sollen wir zur Kenntnis nehmen: Die vom Aussterben bedrohten Vogelarten haben in der freien Landschaft und nicht in unseren Gärten oder gar in der Stadt ihr Zuhause. Es sind die Feld- und Wiesenvögel sowie die Vögel der Feuchtgebiete, die besonders gefährdet sind und unseren besonderen Schutz brauchen. Mehr persönliches Engagement für den Naturschutz ist hilfreicher, als Geld in Futterkäufe zu investieren.

Ausreichend natürliches Futter und ein geeigneter Lebensraum mit dichtem, Schutz bietendem Gebüsch sind ein Garant für eine erfolgreiche Paarbildung für unsere Gartenvögel. Hat sich ein Weibchen für einen Antragsteller und einen Nistplatz entschieden, schleppt es allerlei Baumaterial heran und verbaut es völlig eigenständig. So ein Amselnest ist ein ziemlich kompaktes, handtellergroßes Bauwerk, geflochten aus langen Halmen und mit Erde verfestigt. Selbst wenn das Nest noch nicht ganz fertig ist, fordert das Weibchen mit leisen, hohen und gepresst klingenden Lauten zur Kopulation auf. Es duckt sich, das Männchen hüpft auf das Weibchen, das seinen Schwanz beiseite dreht, sodass beide Kloakenausgänge aneinandergepresst werden und die Spermienübertragung erfolgen kann – eine Sekundensache. Behilflich ist dabei ein erektiler Fortsatz der Kloake, der vorgestülpt wird. Kloaken sind bei Vögeln die Universalausgänge für Kot, den weißen Harnstoff, die Spermien und für die fertigen Eier. Jeden Morgen wird ein Ei gelegt, meist sind es insgesamt vier bis fünf Stück, die das Amselweibchen zwei Wochen lang bebrütet. Nach dem Schlupf der nackten Küken wird es für beide Eltern höchst anstrengend: Einerseits darf das Wärmen der hilflosen Jungen nicht vernachlässigt werden, andererseits muss von Sonnenaufgang bis Sonnenuntergang, 16 Stunden am Tag, Futter gesucht und in die Schnäbel der bettelnden Küken gestopft werden. Auch wenn die jungen Amseln nach knapp drei Wochen flugfähig sind und das Nest verlassen haben, hört das Betteln um Futter nicht auf. Nach weiteren zwei Wochen ist jedoch endgültig Schluss, der Nachwuchs muss sich selbstständig versorgen.

Um in puncto Nachkommenschaft und Arterhalt ganz sicherzugehen, schließt sich bei vielen Singvogelarten, so auch bei den Amseln, noch eine zweite, manchmal eine dritte Brut an. Meine Amsel brütet regelmäßig dreimal im Jahr. Für jede Brut wird ein neues Nest an anderer Stelle im Garten errichtet, zuerst im immergrünen Efeu, dann im Schlehengebüsch und schließlich zwischen den Blättern des Weinstocks. Danach wird die Saison für beendet erklärt und das Kapitel »Familie mit Kindern« zugeschlagen. Auch die Ehe zwischen Männchen und Weibchen hat ihren Zweck erfüllt und löst sich in Wohlgefallen auf. Die Partner sind wieder frei und ungebunden.

Die wiedergewonnene Freiheit öffnet ganz unterschiedliche Wege. Die ziemlich scheue und wachsame Waldamsel, die an ihrem traditionellen Lebensraum Wald festgehalten hat, fliegt im Herbst meist nach Südeuropa, natürlich solo, wobei die Weibchen reisefreudiger sind als die Männchen. Anders jene Amseln, deren Vorfahren schon ab dem 19. Jahrhundert den dunklen Wald verlassen haben, um Städte und Dörfer als neuen Lebensraum zu erobern. Sie haben ihr Verhalten grundlegend geändert. Ihre Fluchtdistanz gegenüber Menschen hat stark abgenommen, sie sind zutraulicher geworden, und auch untereinander rücken sie zusammen, tolerieren eher ihre Nachbarn. So kann die Brutdichte auf städtischen Friedhöfen zehnmal höher sein als in naturnahen Wäldern. Städte sind im Gegensatz zum Wald hell und warm, und quälender Hunger kommt erst gar nicht auf. Stadtamseln lassen es sich in Gärten und Parks mit Wildfrüchten und allerlei vom Boden aufgesammeltem Getier auch im Winter in unseren Breiten gut gehen. Das ist sehr komfortabel und mit weniger Anstrengung verknüpft. So haben die Stadtamseln ihre traditionellen Reisepläne ganz ohne Flugscham aufgegeben und begleiten uns auch durch die kalte Jahreszeit, die immer weniger kalt ist. Ich habe Amselmännchen auf Hausdächern in Großstädten schon um die Weihnachtszeit inbrünstig singen hören, als stünde der Frühling vor der Tür. Manche Stadtamseln bleiben dann sogar als Paar über den Winter zusammen. Sie verwandeln die traditionelle Saisonehe in eine längerfristige Angelegenheit und neigen zur Dauerehe. Unter diesen Umständen brüten sie sogar noch einmal öfter im Jahr. Warum auch nicht?

HAUSSPATZ – Sesshafter als gedacht

Keine zweite Vogelart ist uns so nah, so unmittelbar erlebbar wie der Hausspatz. Spatz gilt als Koseform des eigentlichen Namens Sperling, beide leiten sich vom althochdeutschen »Sparo« und dem indogermanischen »spar« ab, was so viel wie »zappeln« bedeutet. Für unsere Vorfahren war er vermutlich der »Zappelphilipp« unter den Vögeln. Für heutige naturfern lebende Zeitgenossen ist der Spatz der Inbegriff des Vogels an sich: Vogel gleich Spatz. Er ist mit Abstand der bekannteste und uns Menschen vertrauteste Vogel. Doch mit der Artenkenntnis ist es nicht weit her. Egal ob Haussperling, Hausrotschwanz, Grasmücke oder Grauschnäpper, für viele Menschen zählen alle kleinen grauen Vögel als Spatzen. Genauer beobachten und hinhören tut gut!

Der gemeine Spatz ist der häuslichste unter all unseren heimischen, frei lebenden Vögeln. Deshalb heißt er auch Hausspatz oder Haussperling. Wo kein Haus, dort kein Spatz. Farblich passend zu den Häusern, seien sie aus Holz, Lehm oder Stein errichtet, trägt der Spatz sein dezentes graubraunes Kleid. Es ist vor allem die steingraue Kappe des Männchens, an der ich auf den ersten Blick den Haussperling im Vergleich zum Feldsperling mit brauner, erdfarbener Kappe erkenne. Erst bei genauerem Hinschauen wird die Schönheit des Spatzenmännchens offensichtlich: Unter dem grauen Scheitel schließen sich rotbraune Schläfen, weiße Wangen und ein schwarzes Lätzchen an, das Markenzeichen des Spatzen. Würden die Häuser verschwinden und wieder Wald wachsen, würden sich auch die Spatzen aus dem Staub machen. Als die Insel Helgoland nach dem Zweiten Weltkrieg entsiedelt wurde, weil das Eiland gesprengt werden sollte, verschwanden mit den Menschen auch die Spatzen. Erst 1952 kehrten die Vögel mit der Wiederbesiedlung der Insel zurück. Auch Almhütten in den Alpen, die nur zeitweilig von Menschen bewohnt sind, werden vom Haussperling zum Almabtrieb verlassen. Mensch und Spatz bilden seit jeher eine enge Schicksalsgemeinschaft.

Der Hausspatz hat sich gewissermaßen selbst domestiziert, ablesbar auch an seinem wissenschaftlichen Namen: *Passer domesticus*. Als Kulturfolger wurde er zum »Haustier« aus freier Entscheidung, allerdings mit den größtmöglichen Freiheitsgraden. Er ist und bleibt »Herr« über sich selbst.

Der Hausspatz kann überall dort seinen Lebensraum finden, wo der Mensch sein Zuhause hat. Wir leben mit ihm Tür an Tür – und das seit mindestens 10 000 Jahren. Fossilienfunde in einer Höhle bei Bethlehem lassen darauf schließen, dass selbst die Vorfahren des Spatzen sich schon in der Altsteinzeit vor 400 000 Jahren dem Vormenschen, damals noch Jäger und

Sammler, angeschlossen haben – es ist eine uralte Verbundenheit, von der offenbar beide profitierten: Der Vogel bediente sich am Abfall, bekam damit seine bescheidene Spatzenration, und der Mensch hatte einen unterhaltsamen Gefährten. Man könnte fast von einer Symbiose sprechen. Selbst in ihrem Biorhythmus haben sich beide angeglichen. Erst 20 Minuten vor Sonnenaufgang meldet sich der Spatz zu Wort – für Vögel reichlich spät –, und schon vor Sonnenuntergang stellt er seine Lautäußerungen ein und begibt sich zur Nachtruhe. Der Spatz hält bis heute an diesem uralten Schlaf-Wach-Rhythmus fest, der auch für den Menschen die längste Zeit seiner Existenz maßgeblich war.

Mit den einwandernden Bauern aus dem Gebiet des »Fruchtbaren Halbmondes« in Vorderasien kamen auch die ersten »modernen« Spatzen nach Mitteleuropa. Seither sind sie bei uns geblieben. Der Mensch bietet ihnen nicht nur ein Dach über dem Kopf, es fallen auch immer ein paar Gramm für die kleinen Körnerfresser ab, sei es bei der Hühnerfütterung, seien es die Samen von Wildgräsern oder Wildkräutern, von geduldetem »Unkraut«. Genau daran mangelt es besonders in den modernen Städten. Dies ergab eine Studie mit farbringmarkierten Vögeln. Danach müssen Stadtspatzen längere Strecken als Dorfspatzen zurücklegen, um ihren Nahrungsbedarf zu decken. Die Autoren fordern deshalb eine Veränderung des Grünflächenmanagements mit dem Ziel, mehr hochwüchsige Vegetation zuzulassen. Das täte den Stadtspatzen gut.

Dorfspatzen haben es leichter, und wählerisch sind sie auch nicht. In meiner Nachbarschaft auf der Pferdekoppel zerlegen Spatzentrupps regelmäßig frisch abgesetzte Pferdeäpfel in alle Einzelteile und durchsuchen sie nach unverdauten Haferkörnern und anderen verwertbaren Resten. Ungewöhnlich für Singvögel ist, dass Spatzen selbst zur Brutzeit gemeinschaftlich auf Futtersuche gehen. Hat ein Spatz eine neue Futterquelle entdeckt, ruft er seine Clique zusammen und wartet ab, bis die gesamte Sippschaft sich eingefunden hat und alle gleichzeitig loslegen können. Solidarische Tischsitten!

Soziale Vielfalt ist auch für Spatzen vorteilhaft. So wurde festgestellt, dass sich mit zunehmender Persönlichkeitsvielfalt die körperliche Fitness der einzelnen Gruppenmitglieder verbesserte. Damit haben Spatzen das Personalmanagement moderner Unternehmen mit divers zusammengesetzten und damit produktiveren Teams vorweggenommen.

In dicht bebauten Städten musste sich der Spatz zum Opportunisten mit geringer Fluchtdistanz entwickeln. Er ist dort alles andere als ein Heimlichtuer, vielmehr ein quicklebendiger, drolliger Vogel, das macht ihn bei den meisten Menschen beliebt. Und als frech gilt er auch noch. Genau das muss er sein, wenn er sich in dieser Welt behaupten will. Nur mit einer gehörigen Portion Gewitztheit kommt er an seine Futterration. So mutierte er zum Allesfresser, zu beobachten an Bahnhöfen und Imbissständen. Es sind dort die Krümel, die Menschen fallen lassen und die er zu deren Füßen aufpickt. Dazu muss er so schamlos wie respektlos sein. So wird in Freiluftlokalen auch von Tisch und Teller gegessen, wenn sich der Gast gerade mal am Buffet aufhält. Manche Spatzen in der Schweiz haben es sogar gelernt, in Supermärkten die Sensoren von Schiebetüren zu öffnen, um am Brot zu picken. Da Spatzen auch Insektenkost lieben, greifen sie in Städten auf ungewöhnliche Ressourcen zurück: Gelegentlich kann man sie beim Absammeln von toten Insekten im Frontbereich parkender Autos beobachten – sofern dort noch etwas zu finden ist.

Für Vogelliebhaber wichtig zu wissen: Wenn Küken zu versorgen sind, gleichgültig, um welche Vogelart es sich handelt, müssen unbedingt Insekten aufgetischt werden. Diese lassen sich von Vogeleltern durch Selbstbedienung nur in naturnahen Gärten und Grünanlagen finden. Brot, Körner und industriell hergestelltes, käufliches Futter führen besonders bei Vogelküken zu Verdauungsstörungen und können mit dem Tod enden.

Fragt man Menschen nach der häufigsten Vogelart, bekommt man als Antwort fast immer »Spatz«. Doch das ist ein großer Irrtum. Weil er in Wald und Flur nicht überleben kann und sich auf menschliche Siedlungsgebiete festgelegt hat, die nur gut zehn Prozent des Territoriums einnehmen, ist der populäre Hausspatz auf keinem der drei Siegertreppchen anzutreffen. Er nimmt nur den undankbaren vierten Rang im mitteleuropäischen Vergleich ein, nach Buchfink, Amsel und Kohlmeise, die alle drei nahezu flächendeckend vorkommen. Noch vor drei Jahrzehnten rangierte der Spatz auf Platz zwei. Die Ursachen des Rückganges sind Wohnungsmangel durch Gebäudesanierung und Nahrungsmangel durch »Unkrautbekämpfung« und Flächenversiegelung. Die stärksten Verluste wurden in den besonders teuren und wohlhabenden Stadtzentren von Hamburg und München verzeichnet, in weniger gut betuchten Orten geht es den Spatzen etwas besser. In den (heutigen) Ländern der Europäischen Union gab es vor 40 Jahren noch ebenso viele Spatzen wie Einwohner – 450 Millionen, also pro Einwohner einen Spatz. Inzwischen müssen sich zwei Einwohner einen Spatzen »teilen«.

Obwohl Spatzen als flotte Flieger auffallen, die genauso schnell aus dem Blickfeld verschwinden können, wie sie aufgetaucht sind, verlassen sie ihr angestammtes Revier praktisch nie. Sie gelten als ausgesprochen heimatverbunden. Ein Spatz entfernt sich selten mehr als hundert Meter von seinem Stammplatz oder seinem Stammtisch. »Dahoam is dahoam«, sagen sich nicht nur die Spatzen in Bayern! »Da weiß man, was man hat!«, mag des Spatzen Leitmotiv sein. Er wirkt flatterhaft, ist aber in Wahrheit ortstreu. Ganz im Gegensatz zum modernen Menschen, der die meiste Zeit mit Rückenschmerzen herumsitzt und voller innerer Unruhe nicht weiß, wo er zuallererst hinmöchte.

Überraschenderweise ist der heimattreue Spatz dennoch ein Weltbürger, ein Kosmopolit. Es gibt nur wenige von Menschen dauerhaft bewohnte Gebiete auf dem Erdball, die von Spatzen nicht erobert wurden. Was ist ihr Geheimnis? Es sind gelegentliche Zerstreuungswanderungen, die manche Spatzen bei Übervölkerung oder Nahrungsmangel antreten. So besetzten sie neue Räume. Nach Amerika und Australien hat es der Spatz allerdings nicht aus eigener Kraft geschafft, er wurde dorthin verschleppt. Fast überall, wo der Mensch baut, vom nördlichen bis zum südlichen Polarkreis, richtet sich der Hausspatz häuslich ein. Auch wenn wir es häufig nicht ahnen, die Spatzen wohnen mit uns Menschen unter einem Dach – ohne jeden Mietvertrag. Das ist so, seit der Mensch sich für die Sesshaftigkeit entschieden hat.

Auch untereinander pflegen Spatzen enge Beziehungen. Sie lieben die Geselligkeit über alles. Im Gegensatz zu Amsel, Drossel, Fink und Meise, die als Pärchen ein abgegrenztes Revier etwa von der Größe eines Gartens nur für sich beanspruchen und Artgenossen rigoros vertreiben, sind die Spatzen ein tolerantes Völkchen. Man könnte sie als Kollektivisten bezeichnen. So gesehen verhalten sie sich menschenähnlicher als die meisten Singvögel. Den Spatzen scheint das gemeinschaftliche Wohnen mit vielen Nachbarn zu gefallen. So werden bei ausreichend vorhandenem Bauplatz Spatzenwohnungen oft in hoher Dichte gebaut, nebeneinander und übereinander reiht sich Einflugloch an Einflugloch. Modern ausgedrückt handelt es sich um Apartments in einem Co-Living-Projekt. Die Besitzfrage ist unstrittig: Eigentümer ist die Spatzengemeinschaft, eine Art kommunales Eigentum.

Allerdings sind Spatzen nicht als Grundeigentümer bei den Liegenschaftsämtern gemeldet. Und genau hier liegt das Problem. Die rechtlich eingetragenen Grundstücksbesitzer machen, was sie wollen, sie modernisieren immerfort. Wenn der Hausherr sein Gebäude rundum absolut dicht macht, verschwinden die früher üblichen, minimalen Einflugöffnungen im Dachbereich, und die Spatzen, die ja nur friedliche Untermieter sein wollen, stehen ratlos vor verschlossenen Türen.

Gut haben es Spatzen in jenen Orten an den Küsten, wo die Dächer öfter noch mit Schilfrohr (Reet) eingedeckt sind. Dort pfeifen sie fröhlich von den Dächern und finden jene Baufreiheit vor, die sie sich überall wünschten. Beliebt sind auch Storchennester. Da gibt es dieses Neuzeitproblem der Modernisierung nicht, und es ist immer genug Platz zwischen den eingebauten Ästen, um ein Dutzend kleiner Spatzenwohnungen einzurichten. So ganz risikofrei ist dieser Wohnort allerdings nicht. Wie mir eine Augenzeugin berichtete, hat es tatsächlich ein Storch mit blitzschneller Reaktion von seinem Thron aus geschafft, mit seinem langen Schnabel einen Spatzen zu schnappen und samt Federkleid zu verschlingen.

Obwohl die Häuslichkeit des Hausspatzen legendär ist, ist sein handwerkliches Geschick bei der Wohnungseinrichtung eher kläglich entwickelt. Alles Leichtgewichtige, was in der Umgebung herumliegt oder herumfliegt, wird eingesammelt und zur Möblierung der Einraumwohnung verwendet: Federn, Grashalme, Haare, Wollfäden, Plastikfetzen, Lumpen und Papier verbauen die Spatzen mit wahrer Begeisterung. Die Wohnhöhle wird damit rundum zugestopft, und fertig ist das wärmende Kugelnest mit Seiteneingang. Dem Spatzenweibchen ist's recht, es scheint in Fragen stilvoller Wohnungseinrichtung nicht die höchsten Ansprüche zu haben. Das gilt nur für die Wohnung, nicht aber für den männlichen Inhaber!

Die Wahl des passenden Spatzenmannes ist eine sehr ernste Angelegenheit, obwohl sie einem Theaterstück mit viel Lärm und Gezeter gleicht. Die Nachfrage nach Partnern ist hoch, denn Spatzen werden im Schnitt nur drei Jahre alt, und nur selten sterben die Ehepartner gleichzeitig. Die verwitweten Spatzen melden

neuen Bedarf an, und die noch ledigen Jungspatzen streben ebenfalls nach Familie. Schon im Spätwinter geht das kollektive Balztheater los. Ein gutes Dutzend Vögel sollte sich schon zusammenfinden, um zu klären, wer wen als Partner oder Partnerin bekommen soll. Die Spatzengesellschaft versammelt sich dazu am liebsten im dichten Strauchwerk. In meinem Garten ist es der üppig gewachsene, vier Meter hohe (Falsche) Jasmin, auch Bauernjasmin genannt, der das Spatzenvolk magisch anzieht. Hier fühlen sich die Vögel sicher vor Luftangriffen durch ihren ärgsten Feind, den Sperber. Unmittelbar daneben bietet ein kleiner Teich Trink- und Bademöglichkeit.

Das Gruppenleben scheint das Interesse am anderen Geschlecht zu wecken. Solo auf Brautschau zu gehen macht den Spatzen keinen Spaß. Die Konkurrenz belebt das Geschäft und steigert die Lust. Nur so kommt Balzstimmung auf. Dann erst fühlt sich jeder einzelne Vogel stimuliert, zu zeigen, was er kann. Da wird getschilpt und geschimpft, geplustert und geflattert, was Schnäbel und Flügel so hergeben. Je lauter, desto besser. Mehrere aufgeplusterte Männchen hüpfen und flattern lärmend um ein Weibchen herum und versuchen abwechselnd zu kopulieren.

Diese Versuche scheitern in aller Regel. Das Weibchen verweigert sich und drückt seinen Schwanz nach unten.

In rasanten Verfolgungsjagden mit einer Fluggeschwindigkeit von etwa 60 km/h und 13 Flügelschlägen pro Sekunde wird ermittelt, welches Männchen das schnellste und kräftigste ist. Der Gewinner steht in der Gunst der Weibchen am höchsten. Auch die Zweit- und Drittplatzierten, ja selbst die Vorletzten im Wettbewerb bleiben nicht allein zurück. Das geht so lange, bis der Vorrat erschöpft ist. Doch auch die Ausgeschiedenen haben eine Aufgabe: Sie bilden den Reservepool und können als Nachrücker einspringen, wenn durch ein Unglück ein Vogel gleichen Geschlechts ausfällt.

Das Spatzentheater dauert monatelang. Am Schluss ist fast jedem Spatzen eine Spatzenfrau zugeflogen. Damit sind die Spatzenehen geschlossen, und es geht an die Arbeit. Oder an das Vergnügen?

Die vorsorgliche Besetzung des Brutplatzes durch das Männchen beginnt schon im Februar. Von dort aus ruft es aufgeplustert und eindringlich. Ein gut geschützter Nistplatz macht das Spatzenweibchen neugierig und es kommt zum Besichtigungstermin. Beide schlüpfen nacheinander in die Nisthöhle, um sie auf Eignung zu prüfen. Mit der weiblichen Zustimmung zum Wohnungsangebot beginnt das Männchen mit dem eigentlichen Gesang, dem stundenlang vorgetragenen Tschilpen mit aufgeblähtem schwarzen Kehllatz. Wir Menschen nehmen diese Lautäußerungen als eintönig und einfallslos wahr und zweifeln an der Zugehörigkeit der Spatzen zu den Singvögeln. Doch bioakustische Untersuchungen haben ergeben, dass Tonhöhe und Anordnung der Elemente von Spatz zu Spatz erheblich variieren. Wissenschaftliche Auswertungen von Tonaufnahmen belegen, dass mit den komplexen Lautäußerungen sowohl individuelle Erkennungsmerkmale als auch Stimmungen ausgedrückt werden.

Erst wenn das Weibchen vom männlichen Bewerber samt Immobilie vollends überzeugt ist, wird es ernst. Das Männchen hüpft mit gesträubten Federn, hängenden Flügeln und aufgerichtetem Schwanz hin und her, doch der Erfolg bleibt immer noch aus. Erst in der fruchtbaren Phase wendet sich das Blatt. Dann ruft das angetraute Weibchen mit einem schlichten »djie« zur Kopulation auf. Es duckt sich waagerecht, hebt seinen Schwanz an und vibriert mit den Flügeln. Ich durfte selbst Zeuge sein, wie auf dem Ast meines Kirschpflaumenbaumes das Weibchen um die zwanzig Mal hintereinander im Fünfsekundentakt das nebenstehende Männchen zur Kopulation ermunterte. Dieses kam dem Verlangen bereitwillig nach, steigert es doch die Vaterschaftswahrscheinlichkeit.

Spatzen brüten nicht nur ein- oder zweimal im Jahr, sie bringen es hierzulande sogar auf drei Bruten. Die Arbeitsteilung geht bei Spatzenehen gerecht zu: Beide Eltern brüten, beide füttern. Dennoch verhalten sich die kleineren Spatzenweibchen im Nestbereich dominant. Gehen beide Eltern während der Aufzucht einer Brut verloren, so reagieren Helfer aus der Nachbarschaft auf die Bettelrufe der Küken und übernehmen die weitere Fütterung bis zur Selbstständigkeit. Was für ein solidarisches Verhalten!

Auch wenn es bei Spatzens scheinbar nur so drunter und drüber zu gehen scheint, eines ist klar: wer zu wem gehört. Spatzen halten viel von einer Beziehung mit einem festen Partner beziehungsweise einer festen Partnerin – auch wenn ihre Lebenserwartung knapp bemessen ist. Das überrascht vor allem deshalb, weil Spatzen meist mehr oder weniger truppweise und nicht paarweise in Erscheinung treten. Als menschliche Beobachter verlieren wir bei dem turbulenten Treiben schnell die Übersicht. Nicht aber die Spatzen. Obwohl sie meist in Kolonien brüten und in Gemeinschaften schlafen, weiß jede Spatzenfrau ganz genau, wer ihr angetrauter Spatzenmann ist. Dabei gibt es keine Spatzen-Zweifel, selbst wenn diese grauen Vögel einander für unsere groben Augen zum Verwechseln ähnlich aussehen. Spatzenmann und Spatzenfrau führen eine klar definierte, monogame Ehe. Daran ist nicht zu rütteln, na ja, fast nicht.

Wie überall gibt es auch unter Spatzen Dissidenten. Manche Haussperlinge haben Lust auf fremde Federn. Das Abweichen von der Norm kann damit beginnen, dass ein Spatzenmännchen in guter Ehe ein nur um wenige Flügelbreiten entferntes Nachbarnest samt einem verwitweten Weibchen in seinen Herrschaftsbereich aufnimmt. Ein echter Kavalier kann doch eine alleinstehende Spatzenfrau nicht ihrem Schicksal überlassen! Nach solch einer freundlichen Übernahme driftet die monogame Ehe in einen Fall von Bigamie. Doch die Liebschaft ist mitunter an Bedingungen geknüpft. Es kann sogar so weit kommen, dass das Männchen zwar für Weibchen und Nest, aber nicht für dessen Inhalt die Verantwortung tragen will. Um seine Vaterschaft zu sichern, schreitet es zur Nestreinigung und beseitigt alle fremden Eier. Das Nest ist dann frei für den eigenen Wurf.

Wie gefällt die parallele Zweitbeziehung dem Erstweibchen? Überhaupt nicht! Es hat keine Lust, den Gatten mit einer Nebenfrau zu teilen. So versucht es, den zum Zweifrauen-Männchen konvertierten Gatten für sich zu monopolisieren. Die Spatzenmethode ist ganz simpel: Das Erstweibchen macht dem Zweitweibchen das Leben schwer. Zank und Streit stehen auf der Tagesordnung, und wenn alles nicht hilft, müssen die Eier oder gar die Jungen dran glauben. Das Erstweibchen entfernt sie aus dem Nest des Zweitweibchens. Mit diesem rabiaten Akt der Reinigung ist sichergestellt, dass das Privileg der Nachwuchszeugung ausschließlich dem ursprünglichen Paar zukommt.

Solche Dramen können vorkommen – lassen sich aber auch vermeiden. Schlaue Spatzen umgehen ein derartiges Gezerre. Sie führen nach außen hin eine vorbildliche monogame Partnerschaft, die ordnungsgemäße Einehe, und setzen lieber auf die Methode der flüchtigen Begegnung. Männchen wie Weibchen scheinen dafür offen zu sein. Kopulationsforscher haben bei Spatzen einen Fremdkopulationsanteil von zehn Prozent ermittelt. Jede zehnte Intimbegegnung wäre somit ein Ausrutscher. Derartige Fehltritte können, wenn überhaupt bemerkt, Konsequenzen nach sich ziehen. Doch scheinen sie bei den geselligen Spatzen keine große Rolle zu spielen. Die eigentliche Partnerschaft wird durch derartige Nebentätigkeiten nicht infrage gestellt. Und einem anstrengenden Dreierkonflikt gehen Spatz und Spätzin auf diese Weise geschickt aus dem Weg.

RAUCHSCHWALBE – Geschlechtergleichheit

Wie die Hausspatzen, so gelten auch die Rauchschwalben als besonders anhänglich. Sie sind ausgesprochen musikalisch, unterhaltsame Kulturfolger und haben die Menschen über Jahrtausende begleitet. Die Vögel kommunizieren ununterbrochen in einer großen Bandbreite von Tönen miteinander und haben sich offenbar viel zu erzählen. Volkstümlich übersetzt singen sie: »Wollte meine Jacke flicken, hatte kein Zwirrrrn. Fand nur ein klein's Endlein, da musst ich lange zerrrrn.«

In früheren Zeiten, als die Wohnhäuser noch keinen Schornstein hatten und der Rauch des Herdfeuers durch eine Maueröffnung im Giebel abzog, flogen die Schwalben durch eben dieses Schlupfloch ein und aus. Daher taufte man sie Rauchschwalben. Die Wohnbedingungen haben sich seither verändert, Mensch und Schwalbe bewohnen nicht mehr die gleichen Räume, leben aber weiter in enger Nachbarschaft. Für ihr Brutgeschäft suchen die Vögel vor allem Tierställe und Scheunen auf, möglichst umgeben von bunten Wiesen, Viehweiden und Gewässern. Schwalben

sind an einer traditionell-bäuerlichen Umgebung interessiert, daher auch ihr lateinischer Name *Hirundo rustica* (»rusticus« – der Bauer). Als Insektenvertilger waren sie immer sehr willkommen und wurden als Glücksbringer und Frühlingsboten gefeiert. Selbst den Wetterbericht lieferten die Vögel frei Haus. Eine Bauernregel erklärt: »Wenn Schwalben niedrig fliegen, wird man Regenwetter kriegen. Fliegen die bis in die Höh'n, bleibt das Wetter noch recht schön.«

Mit dieser Regel ist man bis heute gut beraten. Die aufsteigende Warmluft bei sonniger Hochdrucklage reißt die Fluginsekten in obere Luftschichten, und die Schwalben ziehen ihrer Lieblingsbeute hinterher. Doch diese Beute wird immer knapper, ebenso wie die herkömmliche bäuerliche Umgebung mit ihren Weidetieren.

Wenn in den ersten Apriltagen die herbeigesehnten Schwalben aus dem fernen Afrika kommend ihre Bahnen am Himmel ziehen, haben sie eine gewaltige Flugstrecke von 10 000 Kilometern hinter und die Partnerwahl vor sich. Doch wonach sollten sie auswählen aus der großen Schwalbenschar? Ob ein Männchen von einem Weibchen als Partner begehrt wird, hängt von verschiedenen Gesichtspunkten ab. Bei Singvögeln zählen, wie wir erfahren haben, in erster Linie die Gesangsqualität und ein prächtiges Federkleid mit möglichst vielen Schmuckelementen. Doch was, wenn Männchen und Weibchen gleich aussehen, wie bei den Schwalben? Rauchschwalben sind sehr schlank, bevorzugen den Partnerlook und tragen ein metallisch blauschwarz glänzendes Einheitskleid mit heller Unterseite. Ihr hübsches Gesicht ist kastanienbraun, egal, welchen Geschlechts der Vogel ist. Was könnte ein Weibchen begeistern, wenn es alles schon selbst im Kleiderschrank hat, was das Männchen zu bieten vermag? Erschwerend kommt hinzu, dass Schwalbenweibchen mit 70 km/h genauso rasant fliegen und währenddessen ebenso bezaubernd melodisch und rasch fließend zwitschern können wie ihre männlichen Artgenossen. Selbst Körpergröße und Gewicht sind identisch. Womit können die bedauernswerten Männchen dann noch imponieren? Wo sind die männlichen Attribute versteckt, die die weiblichen Instinkte entzücken könnten?

Die Gleichstellung der Geschlechter scheint bei den Schwalben schon längst vollzogen. Dennoch muss es Unterschiede geben, die zumindest den Vögeln bekannt sein sollten. Nun, auch Schwänze haben in der Vogelwelt eine tiefergehende Bedeutung. Im Allgemeinen dienen sie als Steuer beim Fliegen, als Stütze beim Klettern, als Schmuckelement und als Kommunikationssignal. Doch was steckt hinter dem Wippen und dem Ausfächern eines Vogelschwanzes? Welche Signale senden Form und Farbe sowie die Länge eines Vogelschwanzes aus? Warum sind die Schwanzfedern gerade während der Paarungszeit am längsten? Lange Schwänze und im Besonderen lange Schwanzspieße – es sind die beiden äußeren Steuerfedern – gehören zur typischen Anzugsordnung der Rauchschwalben. Und in dieser Beziehung haben die Männchen offenbar einiges zu bieten. Darin könnte das Geheimnis liegen.

Wenn Schwalben im wendigen Zickzackflug ihren hoheitlichen Luftraum kreuzen und bei der Insektenjagd zielgenau ihre Beute ansteuern und zuschnappen, setzen sie ganz gekonnt ihre Schwanzfedern zur Steuerung ein. Einem flüchtigen Beobachter mag es bisher noch nie aufgefallen sein: Die beiden äußeren Steuerfedern sind spießförmig verlängert, die der Männchen sind länger als die der Weibchen. Aber auch innerhalb der Männchengilde treten unterschiedliche Längen in Erscheinung. Bei einer Gesamtkörperlänge von etwa 20 Zentimetern entfällt ein bemerkenswerter Anteil zwischen zwei und sieben Zentimetern auf diese äußeren Steuerfedern. Eben diese Unterschiede haben die Schwalbenweibchen genau im Visier. Mit ihren extra scharfen Blicken nehmen sie im Vorbeiflug eine Längenvermessung vor – millimetergenau. Für die partnersuchenden Schwalbenweibchen ist die Schwanzlänge ein entscheidendes Auswahlkriterium bei der Wahl des Liebsten. (Bei der Partnerwahl hört allerdings die Gleichstellung der Geschlechter auf, das Weibchen trifft die Wahl!) Das Wahlverhalten und die Wahlergebnisse sind verblüffend eindeutig: Die Männchen mit den längsten Schwanzfedern zogen bei den Weibchen den Hauptgewinn und fanden am meisten Anklang.

Damit stellen sich entscheidende Fragen: Welche Bedeutung hat der Schwanz der Männchen für die Gattenwahl der Weibchen? Warum soll es gerade das Männchen mit den hervorstechendsten Schwanzfedern sein? Was will das Schwalbenweibchen mit einem männlichen Schwalbenschwanz anstellen? Diese Fragen ließen den Forschern keine Ruhe. Auf Bauernhöfen in Norditalien gingen sie der Frage nach und fingen die Schwalben ein, die dort regelmäßig in den Tierställen brüten. Es galt zu untersuchen, ob noch andere Unterschiede zwischen den Schwalbenmännchen festzustellen sind, die mit den unterschiedlichen Schwanzlängen im Zusammenhang stehen. Oder anders gefragt: Welche sonstigen Eigenschaften gehen mit dem Besitz eines besonders ausschweifenden, frackartigen Federkleides einher? Im Experiment wurden die Vögel über Jahre hinweg mit Netzen gefangen und ihre Schwanzfedern genau vermessen. Zusätzlich wurde auch der Befall mit Milben, Zecken und anderen Parasiten kontrolliert. Um ihren Immunstatus zu ermitteln, entnahm man ihnen eine Blutprobe, bevor die Vögel wieder in die Freiheit entlassen wurden. Nach der Auswertung der Ergebnisse konnten folgende Aussagen gemacht werden: Die Männchen mit den längsten Schwanzfedern besitzen das beste Immunsystem mit den stärksten Abwehrkräften. Dies schützt sie besonders gut vor Krankheiten und Parasiten wie den lästigen blutsaugenden Zecken. Die Männchen mit dem – im echten Sinne des Wortes – hervorragenden Gefieder sind also insgesamt ganz vitale Burschen, die so rasch nichts umhauen kann. Die Forschenden erkannten zudem, dass die unterschiedliche Immunkompetenz genetisch verankert ist. Diese an sich recht komplizierten Sachverhalte durchschauen die Weibchen mit ihrem scharfen Blick offenbar sehr genau, wenn sie die fittesten Männchen herausfischen. Sie scheinen die Expertinnen in Sachen indirekter Immundiagnostik zu sein, eine Art Vogelaugendiagnostik. Von den bemerkenswerten weiblichen Fähigkeiten wiederum profitieren die eigenen Kinder wie auch deren Väter. Die einen werden mit guten Genen ausgerüstet und erhalten damit Überlebensvorteile, die anderen können aufgrund ihrer großen Beliebtheit mehr Nachkommen zeugen und der Nachwelt hinterlassen als ihre kurzschwänzigen Rivalen.

Nach den Forschungsergebnissen der amerikanischen Biologin Rebecca Safran von der Cornell University New York müssen Schwalbenmännchen ihre Partnerinnen ständig aufs Neue beeindrucken und damit ihre aktuellen Qualitäten unter Beweis stellen. Einmal toll – immer toll gilt nicht bei Schwalben, die dreimal in der Saison brüten können. Macht das eigene Männchen keine gute Figur, hält das Weibchen Ausschau nach fitteren Männchen, lässt sich hin und wieder auf Spontansex ein und schmuggelt damit fremde Gene ins Schwalbennest. Ob das Männchen von den weiblichen Raffinessen erfährt, ist ungewiss. Es ist aber denkbar, dass diese regelmäßigen Prüfverfahren nach TÜV-Art ein wirksames Mittel gegen Vernachlässigung oder gar Verwahrlosung sind. Im übertragenen Sinne erhöht sich dadurch auch die Verkehrssicherheit.

Die herausragende Bedeutung der Schwanzfedern bei der Partnerwahl ist offenbar kein Einzelfall. Auch bei anderen Vogelarten wurde der Zusammenhang nachgewiesen: Größere Schwanzlänge der Männchen – größerer Zuspruch durch Weibchen. Damit wird klar, warum Vogelmännchen überhaupt lange Schwänze tragen: Die Weibchen finden offenbar seit jeher Gefallen an dieser ausschweifenden Ausstattung. Männchen, die es sich leisten können, einen derartigen Aufwand für ihr Outfit zu betreiben, sollten auch eine besondere Fitness besitzen. Somit sind prachtvolle Schwänze der Vogelmännchen nichts anderes als die Zuchterfolge der Weibchen.

MEISE – Fremdflieger

Bis Mitte des 20. Jahrhunderts war die Auffassung verbreitet, dass 90 Prozent aller Vogelarten in einer festen und völlig eindeutigen, also monogamen Paarbeziehung lebten. Die Treueversprechen der Vogelpärchen erschienen wie eine schöne Erzählung aus dem Märchenland. Die Menschen sollten sich daran ein Beispiel nehmen. Zu jedem Männchen gehört sein angetrautes Weibchen, ein unzertrennlicher Bund fürs Leben, so das Postulat. Zwar beobachtete man gelegentlich Begattungen außerhalb dieses Paarbundes, sie wurden jedoch als krankhaft und abnorm eingestuft. Die Zeiten und das Wissen sind vorangeschritten. Von Abnormitäten spricht in diesem Zusammenhang inzwischen niemand mehr. Nun heißt es: 90 Prozent der Vogelarten leben vorrangig monogam. Das lässt viel Spielraum für alle möglichen Partnerschaftsmodelle mit fließenden Übergängen offen, Spielraum nach allen Seiten, der auch weidlich genutzt wird.

Jedem Vogelbeobachter dürfte klar sein, dass außerehelicher Verkehr bei Vögeln selbst mit einem hohen Aufwand bei der Observation nur unvollkommen festgestellt werden kann. Oft finden die Seitensprünge im Verborgenen statt, manchmal auch weit entfernt vom heimischen Brutplatz. Doch moderne Methoden der Molekulargenetik machen Undurchschaubares durchschaubar: Mittlerweile ist es möglich, jene Vogelkinder in ein und demselben Nest zu identifizieren, die nicht das Erbgut ihrer fütternden Väter in sich tragen. Damit wird der Seitensprung zwar nicht in flagranti festgestellt, wohl aber dessen Konsequenzen. Die Vögel wurden im Nachhinein ertappt und überführt.

Die im dichten Gebüsch ablaufenden Kopulationen außerhalb des Paarbundes führen zu nachweisbaren Fremdvaterschaften. Dieser immer häufiger belegte Tatbestand hat notgedrungen nach neuen Erklärungsmodellen verlangt. Was also tun? Eine neue Definition musste her. Sie lautet nun: Die Monogamie der meisten Vögel ist in der Regel keine sexuelle Monogamie. Sie ist eine soziale Monogamie. Man lebt zwar als Vogel paarweise zusammen und erledigt den Alltag mit Bravour, aber darüber hinaus gibt es Beziehungen in verschiedenste Richtungen und Tiefen. Was lehrt uns diese Erkenntnis? Scheinbar wohlgeordnete und stabile Partnerbeziehungen müssen außereheliche Aktivitäten keineswegs ausschließen. Zur zweifelsfreien Aufklärung der internen Vorgänge haben Wissenschaftlerinnen den Vaterschaftstest entwickelt, eine Art von Offenbarung. Akribische Analysen der DNA konnten nach und nach die wahren Verhältnisse enthüllen. Die Frage nach der Abstammung von Vogelküken ist von wachsendem Interesse, zwar weniger für die Vogelfamilien selbst, sondern vielmehr für menschliche Forscher, die bis ins letzte Detail alles erfahren wollen. Diese Vaterschaftsanalysen haben völlig neue Einblicke in das Intimleben der Vögel ermöglicht. Inzwischen wurden weit über 150 Vogelarten vom menschlichen Forschergeist ausspioniert.

Das Spektrum der außerehelichen Beziehungen ist äußerst vielfarbig: Es reicht von guten Nachbarschaftskontakten über harmlose Flirts bis hin zu gelegentlichen oder regelmäßigen Seitensprüngen. Je genauer man hinschaut, umso komplizierter erscheinen die Zusammenhänge. Nicht jeder Seitensprung bietet eine Erfolgsgarantie. Ein Spermaempfang durch das Weibchen ist noch keine Garantie, dass das Spendermännchen auch der wahre Vater eines der im Nest versammelten Küken ist. Die winzigen Spermien haben einen vergleichsweise langen Weg zurückzulegen, um das Ei zu befruchten. Die Kletterei der Winzlinge durch den Eileiter kann Stunden bis Tage dauern. Da die Eier der Weibchen nach und nach reifen, stehen die Spermien im Eileiter in einer Warteschlange. Um die eigene Vaterschaft abzusichern, versuchen die Männchen zu verhindern, dass in der fruchtbaren Zeit vor der Eiablage ein Rivale in des Weibchens Nähe gelangt. Doch welche Verhütungsmethode ist schon zu hundert Prozent sicher?

Das wahre Leben hält immer wieder Überraschungen bereit – so auch in der Vogelwelt. Das Resultat der Tiefenprüfung: Häufig fremde Junge im Nest, so heißt es nicht nur bei Spatzen, auch bei Schwalben, Meisen und so weiter. Dank der genetischen Spurensicherung wurden diese Fakten eindeutig belegt. Sie könnten als gerichtsfest angesehen werden, wenn es denn Klagen auf Alimente gäbe. Schauen wir uns einmal bei einigen Vertretern der Meisenfamilie um.

Die Meisen gehören zu den vertrautesten Vogelarten in Stadt und Land, kommen sie doch in fast jedem Garten vor. Die größte unserer Meisen, die Kohlmeise, steht mit fünf Millionen Brutpaaren in Deutschland an dritter Stelle in der Häufigkeitstabelle unserer heimischen Vögel. Von den kleineren, putzigen Blaumeisen gibt es nur etwa halb so viele Exemplare, sie rangieren auf dem siebten Platz. Tannenmeisen werden auf gut eine Million Brutpaare geschätzt und nehmen Platz 18 ein. Alle drei Arten gehören zu meinen Garten-Mitbewohnern. Das Nahrungsangebot wird untereinander fair aufgeteilt, sodass Konkurrenz um die Ressourcen vermieden wird: Die größeren Kohlmeisen suchen im Bauminneren der Obstbäume nach Insekten aller Art, die leichteren Blaumeisen turnen dagegen bis an die Spitzen der dünnsten Zweige, um Blattläuse, Insekteneier und kleine Spinnen abzusammeln. Die Tannenmeisen finden ihr Futter bevorzugt in den Nadelbäumen.

Meisen sind sehr beliebte Forschungsobjekte. Als Höhlenbrüter nehmen sie gern Nistkästen an, man muss nicht lange nach ihrer Bleibe suchen, deshalb sind sie gut zu studieren, sei es mit dem Kameraauge oder mit den eigenen Augen.

Beobachtet man Meisen im Alltag, so zeigt sich ein enger Zusammenhalt der Paare. Sie schlafen zwar in getrennten Höhlen, aber das Männchen erweist sich als Kavalier und holt am frühen Morgen das Weibchen vor dessen Schlafhöhle ab. Warum tut es das? Einerseits strebt es selbst Kopulationen an, die bevorzugt in den frühen Morgenstunden stattfinden, andererseits versucht es durch sein frühzeitiges Erscheinen, Fremdkopulationen zu unterbinden. Die »treue Betreuung« durch das Männchen setzt sich mit dem »Balzfüttern« über viele Tage fort. Eine schöne, anrührende Geschichte, die aber nicht die ganze Wahrheit erzählt.

Meisenmännchen haben es nicht leicht im Leben. Aufgrund erhöhter Sterblichkeit von jungen Meisenweibchen finden Männchen oft keine Partnerin. Hinzu kommt, dass die Weibchen vor allem nach Männchen suchen, deren Lieder möglichst nicht den Strophen des eigenen Vaters ähneln. Es sind hohe Hürden, die für Meisenmännchen zu überwinden sind. Dennoch lassen sie nichts unversucht und locken schon an milden Spätwintertagen mit variablen Gesängen. Kohlmeisenmännchen bevorzugen in ihrem Gesang kurze Strophen, die wie »ju-dith« klingen, oft ertönt auch das dreisilbige »zizibäh«, landläufig »Läuten« genannt. Der Balzgesang der kleineren Blaumeisen ist hingegen mehrsilbig und wird gern »übersetzt« mit »Ich bin nicht zimperlich mit dir!«, passend zum etwas ruppigen Verhalten der kleinen »Draufgänger«, die sich wenn nötig größeren Vögeln selbstbewusst entgegenstellen.

Begabte, im Gesang talentierte Männchen werden eindeutig bevorzugt. Wer als Meisenmännchen viele Strophen beherrscht, ist als künftiger Partner besonders begehrt. Das hat seinen guten Grund. Je variabler der männliche Liedschatz, desto höher ist erwiesenermaßen der Fortpflanzungserfolg. Die aufmerksamen Meisenweibchen wissen es genau: Gute Sänger sind fruchtbar und setzen viele Kinder in die Welt. So vereint sich Unterhaltsamkeit mit reichem Kindersegen. Im Meisengesang betören vor allem tiefe Tonlagen die Weibchen, zeugen diese Klänge von einem resoluten Männchen. Doch nicht immer wird das Männchen erhört. An lauten Orten, wie stark befahrenen Straßen, geht sein tiefer, sonorer Gesang unter. Will der Meisenmann trotz allem mit seinen Wünschen wahrgenommen werden, steigt er notgedrungen auf Sopran um und gibt höhere Töne von sich. Das kommt bei den Weibchen wiederum nicht gut an. Die hohe Tonlage klingt in weiblichen Ohren unmännlich, und das Weibchen beginnt, an den maskulinen Qualitäten zu zweifeln. Unter diesen Umständen lässt sich das Weibchen lieber einmal öfter auf andere Männchen ein, es fliegt fremd, immer auf der Pirsch nach den besten Genen. Der Umweltfaktor Lärm fördert in der Tat die Bereitschaft zur Fremdverpaarung. Doch es kommt noch schlimmer: Verkehrslärm macht Vögel auch dümmer, so eine Studie der Universität Oregon. In naturnahen Futtersuch-Experimenten zeigte sich, dass die Wahrscheinlichkeit, das Futter zu finden, ohne Lärm fast doppelt so hoch war wie unter Lärmeinfluss. Schon der Lärm eines einzelnen Autos beeinträchtigte die kognitive Leistung der Vögel.

Nicht nur Lärm, auch die Schlafdauer hat einen messbaren Einfluss auf das Verhalten, speziell auf die Vaterschaftsfrage. Forschende vom Max-Planck-Institut für Ornithologie und von der North Dakota State University haben männliche Kohlmeisen mit Minisendern versehen, um festzustellen, wann sie morgens aufwachen. Ein Teil der Tiere bekam zusätzlich das Schlafhormon Melatonin verabreicht und wurde dadurch künstlich in Langschläfer verwandelt. Nach Ablauf der Brutzeit entnahm man jedem geschlüpften Küken eine Blutprobe, um die Vaterschaft zu bestimmen. Die Ergebnisse belegen, dass die Langschläfer einen deutlich geringeren Fortpflanzungserfolg hatten, da die Frühaufsteher bei den Weibchen öfter zum Zuge kamen. Fazit: Wer lange schläft, wird öfter »betrogen«, zumindest, wenn man eine Meise ist.

Neuere Untersuchungen bieten eine weitere plausible Erklärung für Seitensprung-Motive. Ein Forscherteam fand heraus, dass sexuelle Treue bei monogamen Vögeln lediglich ein Schönwetter-Phänomen ist. Setzte man die Vögel großen Temperaturschwankungen aus, stieg die Zahl der Seitensprünge stark an. Die Erklärung: Wenn die Weibchen öfter ihren Sexualpartner wechseln, bekommen sie Nachwuchs von verschiedenen Vätern. Dadurch ist die genetische Vielfalt der Nachkommen größer, die Chancen steigen damit, dass wenigstens einer von ihnen passende Gene besitzt und auch unter widrigen Umweltbedingungen überleben kann. Es wird deshalb angenommen, dass der globale Klimawandel dazu führen wird, dass sich mehr Weibchen auf sexuelle Abenteuer einlassen, da die Wetterextreme zunehmen werden.

Last but not least werden die Motive der Untreue auch in den Genen vermutet. So wurde festgestellt, dass der Nachwuchs eines Casanova-Vaters generell einen stärkeren Hang zu außerehelichen Beziehungen entfaltet, gleichgültig ob Männchen oder Weibchen.

Meisen besitzen ein Neugier-Gen. Dieses Gen steuert, je nach Ausprägung, das charakteristische, individuelle Meisenverhalten, den Meisencharakter. Es gibt schüchterne und mutige, vorsichtige und entdeckungsfreudige Typen, ähnlich wie bei den Menschen. Oft entscheiden diese Eigenschaften darüber, ob es zu einer Kontaktaufnahme kommen kann und ob ein Partner attraktiv erscheint. Die Charaktere unterscheiden sich darin, wie sie mit neuen Situationen umgehen. Die mutigen Typen haben den Vorteil, von ihrem draufgängerischen Verhalten zu profitieren, sei es bei der Nahrungssuche, sei es bei der Eroberung einer erstklassigen Partnerin. Wer entschlossen handelt, kann das große Los ziehen. Auf der anderen Seite besteht bei den waghalsigen Typen das höhere Risiko des Scheiterns. Bei der Partnerwahl kann das Wagnis des Draufgängers darin bestehen, auf Ablehnung zu stoßen und sich einen Korb einzuhandeln. Genau diese Risiken minimiert die ängstlich-zurückhaltende, schüchterne Meise, indem sie auf manchen Annäherungsversuch von vornherein verzichtet. Die Charaktereigenschaften sind, so wurde inzwischen molekulargenetisch ermittelt, in den Erbfaktoren verankert.

Sehr gründlich wurden die Tannenmeisen unter die Lupe der Kopulationsforscher genommen. Die nur knapp elf Zentimeter lange und zwischen acht und zehn Gramm leichte Tannenmeise gehört zu den kleinsten Mitgliedern der Meisenfamilie. Sie fallen vor allem durch ihre weißen Längsstreifen auf dem sonst schwarzen Scheitel und Nacken auf. Ihre klaren »wize-wize-wize«-Gesänge erklingen von den Baumspitzen in Nadelwäldern und Friedhöfen. Ein Tannenmeisen-Casanova schaffte es nachweislich, innerhalb eines Jahres 29 junge Tannenmeisen außerhalb seines regulären Paarbundes, also zusätzlich, zu zeugen. Das entspricht einer Vervielfachung seines Fortpflanzungserfolges bei angenommen streng monogamer Paarbindung. Mit seinem regulären Weibchen hat das Männchen lediglich acht Jungvögeln das Leben schenken können. Worin könnten die Gründe einer solch steilen Karriere liegen?

Die möglichen Erklärungen für eine ungewöhnliche Männchen-Attraktivität reichen vom reiferen Gesang über einen intensiver gefärbten Federschmuck bis hin zu mehr Erfahrung. Sind ältere Männchen in dieser Disziplin womöglich erfolgreicher als Grünschnäbel? Um diese These untermauern zu können, mussten die leiblichen Väter aller Küken erst einmal über viele DNA-Analysen ausfindig gemacht werden. In den allermeisten Fällen wurde die Fahndung mit Erfolg abgeschlossen. Durch jahrelange Beringung der Tannenmeisen im Untersuchungsgebiet und den protokollierten Geburtsjahrgang konnte bei den ermittelten wahren Vätern auch das Alter festgestellt werden. Darunter fanden sich nur äußerst selten Männchen im ersten Brutjahr. In späteren Lebensjahren kamen die Männchen erwiesenermaßen häufiger zum Zeugungsglück.

Durch diese neuen Einblicke in das Intimleben der Vögel müssen so manche Ansichten gründlich revidiert werden. Sogar noch Ende des 20. Jahrhunderts lautete die gängige Auffassung,

Tannenmeisen seien streng monogam, die Paare halten ein Leben lang zusammen. Durch den Erkenntnisfortschritt rückten jedoch diese eher unauffällig lebenden Meisen in die Top-10-Liste der eifrigsten Seitenspringer auf. Das Ergebnis: Über 70 Prozent ihrer Kopulationen sind Fremdgänge. Das ist eine stolze wie auch eine absolute Mehrheit. Die logische Folge: Ein Großteil der jungen Tannenmeisen stammt nicht vom jeweils fütternden Vater ab. Doch wo steckten die wahren Väter? Durch einen genetischen Vergleich wurden die fremden Väter in der Nachbarschaft gefunden, kurze Wege befördern Seitensprünge. In der Tat, die lieben Herren Nachbarn waren aktiv am Zustandekommen des Nachwuchses beteiligt. Es muss wohl einmal oder auch öfter zu unbemerkten zwischennachbarlichen Begegnungen gekommen sein. Bei den Zweitbruten im Sommer steigt sogar noch der Anteil der Jungmeisen, die von fremden Vätern gezeugt wurden. Offenbar nimmt im Laufe der Saison die sexuelle Großzügigkeit zu – oder eben die Nachlässigkeit.

Was macht ein Männchen für weibliches Fremdfliegen ganz besonders attraktiv? Es ist letztlich der soziale Status, die Rangordnung, die der Gehaltsklasse entsprechen könnte. Bei der männlichen Kohlmeise ist die Einstufung leicht erkennbar, ablesbar am schwarzen Längsband der sattgelben Unterseite – je breiter, desto höher die Position in der Hierarchie. Wer sich als Vogel im Laufe seines Lebens hochgearbeitet hat, sollte auch eine besondere Lebenstüchtigkeit und gute Erbfaktoren aufweisen. Es gibt also gute Gründe, die bei den Weibchen zur Bevorzugung reiferer Partner führen. Prinzipiell sind viele Vogelweibchen für Seitensprünge offen, wenn als Lohn vorteilhafte Gene dabei herausspringen. Die Küken im moosweichen Nest sind dann gewissermaßen Stiefgeschwister, ohne dass sie je davon erfahren.

Bei einer derartig hohen Beliebtheit von Seitensprüngen stellt sich die grundsätzliche Frage nach dem Nutzen. Wer zieht den

Hauptgewinn? Für Männchen lohnt sich die steuerfreie Nebenbeschäftigung in hohem Maße. Sie können mehr Nachkommen zeugen, ohne wesentlich mehr Aufwand betreiben zu müssen, kurzum: mehr Lohn bei gleicher Arbeit. Doch geht die Rechnung auch für die Weibchen auf? Welcher Nutzen sprudelt für die Weibchen aus den Quellen der außerehelichen Kopulationen? Mehr Eier im eigenen Nest kommen dadurch nicht zustande. Möglicherweise könnten aber die Weibchen durch Liebesdienste Zugang zu Nahrungsquellen erhalten, die ihnen sonst versperrt wären.

Neben der Verbesserung der Versorgungssicherheit bieten weibliche Seitensprünge aber noch weitere Zusatzversicherungen. Vor allem Kleinvögel mit geringer Lebenserwartung, wie die Meisen, die durchschnittlich nur zwei Jahre alt werden, sind in ihrem kurzen Leben zum Fortpflanzungserfolg verdammt. Ein absolut treues Liebesverhältnis mit einem unfruchtbaren Männchen wäre fatal, weil dann der Nachwuchs ausbleibt. Seitensprünge können helfen, sich gegen einen Totalausfall bei der Zeugung abzusichern. Aber selbst ein fruchtbares Männchen muss nicht der Traumprinz sein. Manchmal bleiben nur zweit- oder drittklassige Männchen im Wettbewerb um den besten Partner übrig. Dann ist es dem Weibchen nur recht und billig, sich nebenbei mit den Genen eines erstklassigen Männchens zu bereichern.

Neben dem Nutzen, den die Vögel im Allgemeinen aus den Seitensprüngen ziehen, sollte auch die Frage nach den Kosten gestellt werden. Diese in der Volkswirtschaft als Kosten-Nutzen-Analyse bezeichnete Methode führen wohl auch Vögel auf ihre ganz eigene Weise durch. Gewährt ein Meisenweibchen einem Fremdmännchen den Zutritt und gehen daraus Jungvögel hervor, so zieht das »betrogene« Meisenmännchen – sofern es zufällig Augenzeuge gewesen ist – aus diesem Vorkommnis Konsequenzen.

Durch Experimente wurde nachgewiesen, dass ein »hintergangenes« Männchen seine Bereitschaft zur Verteidigung des gemeinsamen Nestes und zur Fütterung reduziert. Es ist gekränkt. Je mehr fremde Jungvögel im Nest herumlungern, umso mehr schwindet die Lust des Männchens, sich um den Nachwuchs zu kümmern. In besonders ernsten Fällen kann das »hintergangene« Männchen sein Weibchen auch verlassen. Die Kosten des Fremdfliegens hat also das Weibchen selbst zu tragen, indem es mehr zu schaffen hat und manche Vaterpflichten zusätzlich übernehmen muss. In der Gesamtbilanz scheinen sich Kosten und Nutzen zumindest auszugleichen.

Egal ob Männchen oder Weibchen – die nüchterne Bilanz zeigt, dass Untreue erfolgversprechender als Treue sein kann. Untreue Vögel können sehr viel mehr Nachwuchs in die Welt setzen und damit ihre Gene viel weiter streuen als ihre treuen Kameraden. Das Treueprinzip und das Untreueprinzip stehen miteinander in Konkurrenz. Mal setzt sich die Treue, mal die Untreue stärker durch.

Vogel wie Mensch streben nach persönlichem Glück. Haben zwei Liebende das ersehnte große Glück für sich gefunden, dauert es nicht lange, bis Maßnahmen zur Absicherung eingeleitet werden. Doch kann man Glück für immer und ewig konservieren? Man versucht es zumindest. Man passt auf, dass kein anderer das eigene Glück wegschnappt. Die eifersüchtige Überwachung des Partners oder der Partnerin setzt ein. Den Schmetterlingen im Bauch werden Ketten angelegt, goldene Ketten, aber eben Ketten. Bloß nicht umherflattern! Das Wonnegefühl von Leichtigkeit wird von Verlustangst erdrückt.

Singvogelmännchen scheinen von ähnlichen Verlustängsten geplagt zu sein. Um Betrug zu verhindern, werden alle Männchen rigoros vertrieben, die sich ihrem Weibchen ungebührlich nähern. Ganz besonders während der fruchtbaren Tage kurz vor und während der Eiablage lässt das Männchen seine Auserwählte nicht aus den Augen. Alle anderen Tätigkeiten ruhen in dieser Zeit oder sind sekundär. Nur nicht ablenken lassen! Da überlässt manches Männchen auch gern alle Bauarbeiten am Nest dem Weibchen. Die Partnerbewachung ist meist eine Partnerinnenbewachung. Doch entschlossene Weibchen finden immer ein Hintertürchen. Je unübersichtlicher das Revier und je mehr Fremdmännchen auf die Gunst der passenden Sekunde warten, umso schwerer fällt es dem Haupt-Männchen, den Überblick zu behalten. Und schon ist es passiert. Die DNA-Spuren erbringen den Beweis.

Ob mit oder ohne Partnerinnenbewachung – auf den Treuestatus hat dies keinen großen Effekt! Untreue ist offenbar naturgegeben und hat die biologische Funktion, die genetische Vielfalt zu steigern. Bei den kleinen Singvögeln ist Untreue selbst durch strengste Kontrollen kaum zu vermeiden. So gesehen ist eine penible Überwachung pure Energieverschwendung – also viel Lärm um nichts?

STAR – Künstlernatur

Was ist ein Star? Eine prominente Persönlichkeit mit herausgehobener, medialer Präsenz? Eine Vogelart, die zu den Singvögeln zählt? Was unterscheidet den Star vom Star? Gibt es Gemeinsamkeiten? Die ersten Stars in der Medienbranche waren US-amerikanische Kino- und Musikstars, von deren Bekanntheit der Anglizismus »Star« auch stammt. Später hießen sie Elvis Presley, The Beatles und Madonna. Sie waren die Idole junger Generationen. Die Anzahl der Stars scheint mit der Zeit zu explodieren, eine wahre Inflation grassiert, in allen Branchen werden Promi-Figuren aufgebaut, nicht nur in Kultur, Sport, Politik und Mode. Hinzu kommen Steigerungen, wie Topstars, Superstars und Megastars. Sie heben sich von der Masse ab, zeichnen sich durch eine große Bekanntheit aus, haben viele Fans, kurbeln als Werbeträger den Konsum an, setzen Trends und scheffeln damit enorm viel Geld. Sie machen Schlagzeilen mit ihrer Frisur, ihrer Kleidung, ihrem Besitz und nicht zuletzt mit ihren privatesten Angelegenheiten, ihren Liebschaften.

Stars aus Hollywood und anderswo pflegen häufiger zu heiraten. Bilder einer neuen Liebe gehen um die Welt, erregen Aufmerksamkeit und steigern damit den Marktwert. Sollten die Schlagzeilen einmal rar werden, wird die Scheidung vermeldet oder erst einmal das Gerücht darüber gestreut. Partner werden scheinbar gewechselt wie die Garderobe. Der Verschleiß ist hoch, Stars leben im Zwang, sich darzustellen, immer neu zu leuchten und zu überstrahlen.

Viel weniger in den Medien präsent, dennoch ähnlich glanzvoll in seinen Bühnenauftritten ist der Vogel Star. Seine Reichweite

und sein Besitz halten sich jedoch in Grenzen, und selbst die Futterquellen, man könnte es Honorar nennen, teilt er mit anderen Staren. Materiell gesehen ist er ein ungewöhnlich bescheidenes Wesen, das absolute Gegenteil aber in Beziehungsfragen. Abseits der Weltbühnen steht der Star für vielfältige Verpaarungsmuster. Langeweile scheint er nicht zu mögen, er sucht nach Abwechslung, allerdings ganz im Privaten, ohne große mediale Öffentlichkeit.

Er, der Star, ist ein raffinierter Verführer. Mit metallisch glänzendem, gesträubtem Gefieder und gespreizten Flügeln präsentiert er sich flatterhaft und liefert auf seiner Bühne, einem exponierten Ast oder einem Hausdach, die perfekte Solo-Show. Seine Songs haben es in sich. Der Star ist ein pausenloser Alleinunterhalter. Mit seinen Konzerten, erfüllt von munteren Plaudereien, witzigen Einlagen aus perfekten Imitationen, frei nach dem Motto »Alles nur geklaut«, lockt der Starenmann die Weibchen herbei.

Mein »persönlicher« Garten-Star, der seit Jahren im Pflaumenbaum sein Höhlenquartier bezieht, meldet sich regelmäßig ab März mit dem wohlklingenden »didlüo«-Gesang, den er dem Pirol abgelauscht hat. Anfangs irritierte mich diese Melodie, denn der echte Pirol trifft als Langstreckenzieher erst im Mai ein und nistet dann nebenan im Wald. Andere Stare bevorzugen die Imitate von Kiebitz, Wachtel oder Bussard, von Hundegebell, Rasenmähern und Alarmanlagen. Seine schrillen Pfiffe, durchsetzt von wimmernden, knackenden, klirrenden und knirschenden Lauten, sind alles andere als langweilig und selten folgenlos. Die Pfiffe eines Starenvogels haben sogar einmal den Abbruch eines Fußballspieles in England erzwungen. Der Star hatte die Schiedsrichterpfeife so perfekt nachgeahmt und damit die Fußballstars wie die Zuschauer zur Verzweiflung gebracht. Der Vogel pfiff durchdringend, wann er gerade wollte. Weder Spieler noch Zuschauer wussten so recht, was auf dem Rasen gespielt wird, da blieb nur die Kapitulation vor dem pfeifenden Vogel.

Nicht nur unter Menschen, auch unter Staren gibt es Optimisten und Pessimisten. Dazu wurde der folgende Nachweis angetreten: Zwei Gruppen von Staren wurden mit Würmern gefüttert, die sich in Schachteln befanden. Die grünen Schachteln beinhalteten leckere Regenwürmer, in den grauen Schachteln waren bittere, ungenießbare Würmer. Das haben die lernfähigen Stare sehr schnell begriffen. In einem zweiten Experimentierschritt wurden sie getrennt und gruppenweise in unterschiedlichen Umgebungen untergebracht: Die eine Gruppe durfte sich in großräumigen und gut ausgestatteten Käfigen mit kleinem Swimmingpool wohlfühlen, die andere wurde in schlichten Standardkäfigen gehalten. Dann ging die Fütterung mit ausschließlich grauen Verpackungen weiter, in denen aber diesmal wohlschmeckende Regenwürmer versteckt waren. Während die in trostlosen Käfigen untergebrachten Stare pessimistisch reagierten und die Schachteln nicht anrühren wollten, betrachteten die in Wohlfühlatmosphäre lebenden Stare die Lage optimistischer, öffneten erwartungsfroh die vorgesetzten Schachteln und wurden für ihre Zuversicht mit dem leckeren Inhalt belohnt. In diesem Falle haben die äußeren Umstände – und nicht die Gene – die unterschiedlichen Verhaltensmuster geprägt.

Der Staren-Einfallsreichtum kennt keine Grenzen. Ausgesprochen variantenreich sind die Staren-Verpaarungsmuster. Manch ein Star steht die Brutzeit mit ein und derselben Partnerin durch, lebt also monogam. Damit zählt er allerdings zu einer Minderheit. Die meisten Stare lieben es, auf mehreren Hochzeiten zu tanzen. Sie verpaaren sich entweder gleichzeitig oder kurz nacheinander mit verschiedenen Weibchen. Einige Stare wurden bei Frankfurt am Main sogar mit vier verschiedenen Weibchen überführt, in Antwerpen ging ein Starenmännchen mit zwei Weibchen gleichzeitig Brutehen ein und anschließend noch mit drei weiteren im fliegenden Wechsel. Man könnte dieses Verhalten auch als »Ehe auf Sicht« bezeichnen. Im 19. Jahrhundert wurde derartiges Verhalten mit dem Begriff »Eheirrungen« umschrieben.

Bei diesem umtriebigen Lebenswandel ist es klug, Vorsorge zu treffen. Gleich nach seiner Ankunft im Spätwinter sichert sich der Star oft nicht nur eine, sondern noch eine zweite Bruthöhle als Nebenwohnung. Bezugsfertiger Wohnraum in enger Nachbarschaft kann nie schaden! So mancher Star steigert seine Verführungskunst noch, indem er seine Bruthöhle aufhübscht und mit bunten Blüten auslegt. Der Starenmann weiß wohl, dass interessierte Weibchen ihm einen Hausbesuch abstatten und die Ausstattung begutachten werden. Mit einem Blütenteppich im Liebesnest lässt sich so manche Bewerberin überzeugen. Gar nicht zimperlich ist der Star, wenn es um die kurzfristige Beschaffung neuen Wohnraumes für eine neue Liebe geht. Wenn nötig vertreibt er wild entschlossen Spechte aus ihrer frisch gezimmerten Höhle, um diese für seine eigenen Zwecke zu besetzen.

Die Weibchen prüfen die präsentierte Wohnhöhle und den dazugehörigen Inhaber. Wird beides für gut befunden, übernimmt die flotteste Bewerberin die weitere Inneneinrichtung. Zum feinen Baumaterial gehören auch duftende Heilkräuter wie Thymian und Rosmarin, die Parasiten fernhalten und die Widerstandskraft des erwarteten Nachwuchses stärken sollen. Das Ausbrüten der vier bis sechs Eier ist allein eine weibliche Angelegenheit. Ausdauerndes Herumsitzen behagt den Starenmännern überhaupt nicht. Lieber schauen sie sich schon mal weiter um, es ist ja noch genug Platz und manches Gästezimmer noch unbesetzt. Prekär wird es, wenn die Verpaarungen nicht nacheinander, sondern parallel stattfinden. Unter diesen Bedingungen kommen auch immer wieder Fremdbegattungen vor, denn der Hauptmann kann nicht überall gleichzeitig Stellung beziehen, aber vielerorts lauern ledige Starenmännchen auf die Gunst der passenden Sekunde.

Manche Stare können offenbar nie genug bekommen – so scheint es fast –, nie genug an Weibchen und an Wohnstätten. Doch in zwei Aspekten pflegen Stare die Kunst des Minimalismus: in Kleiderfragen sowie in Fragen der Grundstücksgröße. Damit sind sie Vorreiter im Trend zur Nachhaltigkeit. Ihr dunkles Winterkleid, also das sogenannte Schlichtkleid, ist mit vielen weißen Tupfen geschmückt. Das sind die Federspitzen des Körpergefieders, weshalb man ihn auch als »Perlstar« bezeichnet. Eben diese Spitzen nutzen sich durch alltäglichen Gebrauch allmählich ab, ein ganz normaler Vorgang. Übrig bleibt eine abgetragene Gefieder-Hülle, immerhin mit grünviolettem metallischem Glanz. Diese Gefieder-Garderobe wird keineswegs entsorgt. Ohne sie zu wechseln, wird sie im Frühling als Prachtkleid deklariert, aus Alt mach Neu. Von nun an nennt man ihn »Glanzstar«. Weiternutzen statt Weg- oder Abwerfen, ein ressourcenschonendes Verhalten!

Ähnlich gescheit geht der Star in Grundstücksfragen vor. Während die meisten Singvögel ein stattliches Revier von mehreren Hundert bis mehreren Tausend Quadratmetern beanspruchen, genügt dem Star ein Baum als ausreichend großes Hoheitsgebiet. Nur diesen sehr überschaubaren Raum verteidigt er. Diese »Ethik des Genug« hat sicher einen guten, sehr praktischen Grund: Es sind die kurzen Wege, die bei diesem Lebenswandel zur Bescheidenheit einladen.

Dem Nachwuchs fällt das amouröse Treiben der Altvögel nicht auf. Die Jungen aus erster Ehe verfolgen schon ihre eigenen Pläne, während die zweite Brut noch gedeiht. Die Sprösslinge aus zweiter Ehe erfahren kein Sterbenswörtchen aus der Vergangenheit der Eltern. Und das müssen nicht die schlechtesten Eltern sein. Ihr Terminplan ist straff gefüllt. Unentwegt watscheln die

Stare über Wiesen und Rasen, immer auf der Suche nach wohlschmeckenden Würmern, Schnecken und Insekten. Hat die Versorgung gut geklappt, flattern die Starenkinder selbstständig durch die Welt, sehr bald ohne Elternbegleitung. Ihre bewährte Methode: Sie schließen sich umgehend zu großen Jugendbanden zusammen und verlassen das elterliche Revier. In einer großen Schar fühlen sie sich gut aufgehoben, futtern und schlafen gemeinschaftlich und lernen so voneinander, wie man sich erfolgreich durchs Leben schlagen kann.

Ein Schauspiel der besonderen Art wird in den Abendstunden des Spätsommers und Herbstes geboten. Tausende von Staren, alte wie junge, finden sich zusammen, um eine Platzbesetzung vorzunehmen. In der Stadt kann es ein dicht belaubter Baum mit ausladender Krone sein, in der freien Natur ein Schilfgürtel, der als Massenschlafplatz herhalten muss. Manchmal wurden dabei schon Hunderttausende von Staren beobachtet, so viel wie Menschen in einer großen Stadt leben. Diese Riesenschwärme sind allerdings Vergangenheit, auch der Star musste Federn lassen und schrumpft in seinem Bestand merklich. Wenn sich eine solche Vogelwolke als dunkler Schwarm in amöbenartig-plastischen Gebilden vor die untergehende Sonne schiebt, kann sich der Himmel merklich verdunkeln. Als Unkundiger könnte man glauben, es seien außerirdische Flugobjekte, die auf geheimnisvolle Weise die Erde ausspionieren wollen. Landen sie schließlich, um ihr Tagwerk zu beenden, werden Schlaflieder angestimmt. Jung und Alt singen gemeinsam im Chor zur Nacht.

Wie alt wird ein Star? Seit Einführung der Vogelberingung wissen wir mehr über die Lebensläufe der Vögel. Singvögel werden im Durchschnitt oft nur drei Jahre alt. Doch es gibt auch einzelne Glücksvögel: Die älteste beringte Feldlerche wurde zehn Jahre alt, die älteste Kohlmeise 15 Jahre, der älteste Hausspatz knapp 20 Jahre und der älteste Star sogar 22 Jahre alt – ein rekordverdächtiges Alter unter Singvögeln.

Wie die Stars lieben auch die Stare Gesellschaft. Die einen, um angehimmelt zu werden, die anderen, um das Leben zwischen Himmel und Erde erfolgreich zu meistern. Wenngleich am Ende nicht immer preisgekrönt, so streben doch beide nach Erfolg. Dabei spielt es letztlich keine Rolle, wer mit wem im gleichen Nest gelegen hat und wer mit wem mal eine Affäre hatte. Die Stare immerhin sind nicht nachtragend und halten zusammen, wenn es im Sommer und Herbst darum geht, Kirschbäume und Weinberge zu plündern.

NACHTIGALL – »Ick hör dir trapsen«

Glück und Pech liegen im Leben mitunter dicht beieinander. Bei der Suche nach einer passenden Lebensbegleitung kommt es auf das Timing an. Wann sind die Chancen, einen Partner oder eine Partnerin zu finden, am größten? Im Morgengrauen und in aller Herrgottsfrühe, in der strahlenden Mittagssonne oder doch am Abend und in der Nacht? Das kann sehr verschieden sein, je nachdem, welcher Typ man ist!

Die allermeisten Vögel erwachen sehr zeitig, typische Frühaufsteher. Die legendäre Lerche trällert schon knapp anderthalb Stunden vor dem ersten Sonnenstrahl ihr Liebeslied in die weite Landschaft des kommenden Morgens hinaus. In grünen Städten und Dörfern stimmen nur wenig später Garten- und Hausrotschwanz ihre Strophen an. Im Zehn-Minuten-Takt folgen dann Singdrossel, Amsel, Rotkehlchen, Zaunkönig und Buchfink. Zu den Langschläfern zählen Mönchsgrasmücke und Star, sie warten in aller Ruhe den Sonnenaufgang ab, im Mai gegen fünf Uhr.

Ganz anders tickt die Nachtigall. Sie hat ihren stimmungsmäßigen Höhenflug in tiefster Nacht. Das wusste schon William Shakespeare im Jahr 1597, der den verängstigten Romeo durch die Worte Julias zu beruhigen versuchte: »Es war die Nachtigall, und nicht die Lerche, die eben jetzt dein banges Ohr durchdrang.«

Mitte April treffen die Nachtigallen von ihrer Fernreise aus Ost- und Westafrika bei uns ein. Ich selbst kann ihre Ankunft kaum erwarten. Allein für sie habe ich eine Gartenecke reserviert, eine undurchdringliche Wildnis aus stachligen und dornigen Gewächsen, darunter Wildrosen (Hagebutten), Brombeer- und Schlehensträucher, die zusammen mit den Brennnesseln wuchern dürfen – Unordnung pur aus bürgerlicher Sicht, aber die ideale Ordnung für die Nachtigall, denn – das sollte jede Nachtigallenfreundin wissen – gebrütet wird zu ebener Erde. Der Zutritt von Störenfrieden ist höchst unerwünscht, am besten, wenn er unmöglich ist.

Es sind die Männchen der Nachtigallen, die es im Frühjahr besonders eilig haben. Der Liebesgott scheint sie zu rufen. Einsam fliegen sie – den Polarstern fest im Blick – durch die Nacht und treffen vor den Weibchen in ihrer alten Heimat ein. Im dichtesten

Geäst beziehen sie ihre vertrautesten Posten. Trotz der zurückliegenden langen Reise und der körperlichen Erschöpfung stimmen sie als Erstes ein Lied an, das sagenhafte Lied der Nachtigall.

In den Volkstraditionen kündigt die Nachtigall den Frühling an – es ist der Vogel des Wonnemonats Mai. In früheren Jahrhunderten galt der Gesang der Nachtigall als schmerzlindernd und sollte dem Sterbenden einen sanften Tod und dem Kranken rasche Genesung bringen. Der Name der Nachtigall leitet sich von ihren Sangeskünsten ab. Im Althochdeutschen bedeutet »gal« »Gesang«, die Nachtigall ist also der »Nachtsänger« par excellence. Trotz ihres Namens singen Nachtigallen auch am Tage, allerdings mit reduziertem Einsatz. Erst in der Nacht kommt ihr Gesangsvortrag voll zur Geltung, zumal die meisten anderen Vögel dann schweigen und es auch sonst eher ruhig ist.

Ihr Gesang hat die Nachtigall berühmt gemacht. Der Begründer der modernen Ornithologie, Johann Friedrich Naumann (1780–1857), schreibt in der *Naturgeschichte der Vögel Deutschlands*: Der Gesang ist »so ausgezeichnet eigen, es herrscht darin eine so angenehme Abwechslung und eine so hinreißende Harmonie, wie wir sie in keinem anderen Vogelgesange wiederfinden«. Der Ornithologe und Schriftsteller Alfred Fritz Hilprecht (1901–1985) schreibt 1954: »Wer jemals diese Stimme in stiller Stunde aufgeschlossenen Herzens aufgenommen hat, kann sich ihrem Zauber nicht entziehen.«

So wie die Rose das Symbol alles Schönen ist, verkörpert die Nachtigall das Symbol der Liebe, der Liebenden und der Dichter. Kein geringerer Dichter als Theodor Storm hat der Nachtigall ein poetisches Denkmal gesetzt: »Das macht, es hat die Nachtigall / die ganze Nacht gesungen; / Da sind von ihrem süßen Schall / da sind in Hall und Widerhall / die Rosen aufgesprungen.«

Nicht nur Dichter, auch Musiker haben sich vom Gesang der Nachtigall inspirieren lassen und ihre Motive in ihren Kompositionen nachempfunden, darunter Ludwig van Beethoven in der Sinfonie Nr. 6, Frederic Chopin in der »Nachtigallen-Mazurka«, Johann Strauß in der »Nachtigallen-Polka«, Igor Stravinsky im »Lied der Nachtigall«, daneben auch Antonio Vivaldi in seinem Violinkonzert sowie der Ornithologie-begeisterte Olivier Messiaen in seinen Klavierwerken.

Welche Botschaften stecken in den Liedern der Nachtigall? Ihr Nachtgesang dient vor allem zum Anlocken einer Partnerin. Der Gesang am Morgen ist dagegen zur Verteidigung des Reviers gegen andere Männchen gedacht. Nachtigallenmännchen beherrschen zwischen 120 und 260 unterschiedliche Strophentypen, von denen die meisten zwei bis vier Sekunden lang sind. Innerhalb einer Stunde kann das Nachtigallenmännchen mehr als 400 Strophen vortragen – niemals vom Blatt, immer auswendig! Wer kann das noch von uns? Das Geheimnis des umfangreichen Repertoires heißt lebenslanges Lernen und Üben. Unverkennbar ist der Nachtigallengesang durch sein »Schlagen«, ein kraftvolles Stakkato. Hinzu kommt das eindringliche, sehnsuchtsvolle bis wehmütige »Schluchzen«, eine Reihe von immer schneller werdenden Pfeiftönen, die in einem Crescendo münden. Der Stimmumfang des Vogels reicht über sieben bis acht Oktaven, der des Menschen beträgt höchstens drei Oktaven. In der Nacht wird zehnmal häufiger geschluchzt als am Tage. Genau das kommt bei den Weibchen offenbar gut an.

Was für diese Vögel kaum eine Rolle spielt, ist das Aussehen. Nachtigallen sind diesbezüglich keine Angeber. Das Gefieder ist unauffällig bräunlich bis rötlich. Wozu schrille Farben, wenn nachts eh alle Katzen grau sind? Nachtigallen investieren nicht in die Optik, sondern ausschließlich in die Akustik, und das besonders effizient! Eine Berliner Redewendung, entlehnt aus der Volksliedsammlung *Des Knaben Wunderhorn*, lautet: »Nachtigall, ick hör dir trapsen.« Was ist damit gemeint? Ich merke, da geht was ab, habe eine Vorahnung, da ist etwas im Busch, man sieht nichts, es ist jedoch nicht zu überhören.

Erst Tage oder besser Nächte nach den Männchen treffen die Nachtigallenweibchen nach und nach ein, und die ausgeklügelte Suche nach einem Partner beginnt. Erst kurz vor Mitternacht machen sich die Weibchen auf den Weg, bis zur Morgendämmerung streifen sie kilometerweit umher und suchen nacheinander mehrere Männchen auf, um deren Liedvorträgen zu lauschen und vielleicht ein bisschen zu flirten. Den Weibchen geht es darum, das beste verfügbare Männchen zu finden. Die Nachtigallen-Weibchen haben Glück und können dabei außergewöhnlich wählerisch sein, denn die Zahl der Männchen ist stets größer als die Nachfrage. Der chronische Weibchenmangel spornt die Männchen zu Höchstleistungen an. Für die Partnerwahl ausschlaggebend ist vor allem die Intensität, die Leidenschaft der Gesangsvorträge. Aber auch Virtuosität ist gefragt. Ein facettenreicher Sänger, der mit besonders zahlreichen Strophen zu glänzen weiß, wird als Partner bevorzugt. Das Leben zu zweit sollte nicht eintönig sein. Und gute Sänger, so eine anerkannte Regel, kriegen viele Kinder. In der Tat findet sich in den Nestern der tüchtigsten Sänger der meiste Nachwuchs. Meisterhafte Sänger sind eben keine Schlappschwänze.

Ist die Entscheidung getroffen und die Paarbildung samt Nestbau und Eiablage vollzogen, stellt der vermählte Nachtigallenmann seinen nächtlichen Gesang ein. Ab Mitte Mai schweigt der glückliche Gatte. Wer dennoch aus voller Kehle singt, ist noch unbeweibt, ein verzweifelt Suchender, der die Hoffnung nicht aufgeben will und bis weit in den Juni hinein seine erlernten Strophen zum Besten gibt. Es sind also die unglücklichen jungen Gesellen, die uns Menschen die Frühlingsnächte versüßen.

In jenen Zeiten, als es noch nicht einmal Radio und auch sonst wenig Zerstreuung gab, war es nicht unüblich, sich eine Nachtigall als Käfigvogel zu halten. Daraufhin wurde im 18. Jahrhundert in vielen deutschen Staaten die Nachtigallensteuer eingeführt, die zwischen zwei und fünf Taler pro Vogel und Jahr lag und von den Bütteln eingetrieben wurde. Selbst nachts gingen diese auf Horchposten, um nicht gemeldete Nachtigallen zu erwischen. Der Ertrag ging überwiegend an die städtische Armenkasse. Keine dumme Idee! Zudem hatte die Steuer einen Lenkungseffekt. Die Nachfrage nach Nachtigallen ging bei den Vogelhändlern zurück und damit auch der Fang der Wildvögel. Eine hochaktuelle Erkenntnis, jeder Finanzminister sollte es wissen und mit Vernunft im Amt praktizieren: Mit Steuern kann man steuern! Wer ein guter Steuermann sein möchte, sollte das Steuerrad nicht nur festhalten, er sollte am Steuerrad auch drehen.

Noch vor einhundert Jahren glaubten die Menschen, dass auch die Nachtigallen in einer dauerhaften Beziehung lebten. Der Anblick sorgender Vogelpaare, die sich aufopferungsvoll dem Wohl des Nachwuchses hingeben, schürte den Glauben an die Vorstellung, dass Männchen und Weibchen sich »getreulich die Freuden und Leiden der Ehe teilen«. Die Vogelehe behält in vielen Fällen, so dachte und wünschte man wohl, ihre Gültigkeit für das ganze Leben. »Der Tod eines der Gatten erst löst ihre Bande«, so lautete das Credo. Klar erkennbare, weil mit bunten Schleifchen gekennzeichnete Nachtigallenpaare, die alljährlich zu ihrem bekannten Brutplatz zurückkehrten, stützten zunächst die Annahme der Dauerehe als Regelfall. Heute wissen wir es genauer: Sehr oft ist die Bindung an den Brutplatz die entscheidende Triebkraft, weniger die Zuneigung zum Partner. Die besten Plätze werden naturgemäß auch von den elitären Sängern besetzt, die oft auch als Erste in der alten Brutheimat ankommen. So treffen sich Männchen und Weibchen, wenn sie Glück haben, zur richtigen Zeit an ihrem lieb gewordenen Stammplatz und gehen aus rein praktischen Gründen eine erneute Bindung miteinander ein, nachdem sie ein halbes Jahr lang getrennt unterwegs waren.

Immerhin sind die Nachtigallen ihrem Partner in der Regel treu, solange die Saison dauert. Die Männchen verlassen sich allerdings nicht auf das einmal gegebene Jawort ihres Weibchens. Sie beugen unliebsamen Zwischenfällen vor und bewachen ihre Partnerin eifersüchtig während der gesamten fruchtbaren Phase von der Paarung bis zur Brut. Die eigene sichere Vaterschaft soll auf gar keinen Fall gefährdet werden.

Kaum bekannt ist, dass auch Nachtigallenweibchen singen. Ihr leises Trällern erreicht zwar nicht unser Ohr, wohl aber das der Küken, selbst vor dem Schlüpfen. Wissenschaftlerrinnen der Universität Wien erbrachten den Nachweis, dass dadurch die Vogelmütter »frühkindliches Lernen« fördern. Ihre Wiegenlieder wirken zudem beruhigend und senken die Herzfrequenz der Küken.

»Was Hänschen nicht lernt, lernt Hans nimmermehr« gilt auch für Vögel. Sobald der Nachwuchs aus dem Gröbsten heraus und flügge geworden ist, besinnen sich die Väter auf ihr Sangestalent und erteilen obligatorischen Gesangsunterricht. Auch benachbarte Junggesellen bieten sich als Gesangslehrer an und bereichern den Lernstoff. Je mehr gute, meisterhafte Sänger dem jungen Vogelvolk zu Gehör kommen, desto umfangreicher wird das abgespeicherte Liedgut. Es ist der Kapitalstock fürs Leben, die Aussteuer. Zum Üben der Lieder sind die flugreifen Nachtigallen allerdings zu faul, zunächst jedenfalls. Mit dem Gehörten im Hinterstübchen des kleinen Gehirns fliegen die Jungspunde im Frühherbst unbeschwert Richtung Äquator. Erst kurz vor Weihnachten kommen sie ins Grübeln und beginnen damit, sich an die einst gehörten Melodien in einer »Brabbelphase« zu erinnern, und probieren es schon einmal. Im Frühling kommen diese Grünschnäbel mit eher kläglichen Gesangsfähigkeiten in ihrer Geburtsheimat an und haben nicht selten das Pech, im Sängerwettstreit den Kürzeren zu ziehen und für die laufende Saison unbeweibt zu bleiben. Immerhin können sie zwei Monate lang üben und müssen sich um Familiendinge erst einmal nicht kümmern.

SCHWANZMEISE – Kinderlieb

Kleine Singvögel haben kein langes Leben zu erwarten. Ihre Sterblichkeit im Erwachsenenalter liegt bei 30 bis 50 Prozent pro Jahr, bei Jungvögeln liegt der Prozentsatz noch darüber. Bei diesen hohen Sterblichkeitsraten muss zwangsläufig viel Nachwuchs gezeugt und aufgezogen werden, damit die Art nicht ausstirbt.

Eine reiche Kinderschar kann aber auch Probleme nach sich ziehen. Während sich die Nachtigallen mit fünf Eiern im Nest begnügen, können es bei den Schwanzmeisen auch mehr als doppelt so viele werden, man könnte sie in der Nachwuchszeugung als besonders kinderlieb einstufen. Schwanzmeisen gelten auch als wahre Baukünstler, denn sie schaffen ein exzellentes Kinderheim. Nur in der Ausübung ihrer Elternrolle sind sie bei der großen Kükenfülle oft überfordert. Hilfe von außen ist dringend geboten. Doch wer sollte diese uneigennützige Unterstützung leisten? Das Sozialamt fühlt sich für kinderreiche Vogelfamilien nicht zuständig.

Sich innerhalb einer Sippe zu unterstützen ist als Tradition so alt wie die Menschheit. Eben diese Fähigkeit zur Kooperation ist eines der Erfolgsrezepte des *Homo sapiens*. Das Zusammenwirken von Individuen war beim Erbeuten größerer Tiere ebenso wichtig wie bei der Landarbeit. Auch in unserer modernen Zeit werden händeringend Erntehelfer gesucht. Oft kommen Angehörige aus der Stadt aufs Land, wenn Trauben, Äpfel oder Spar-

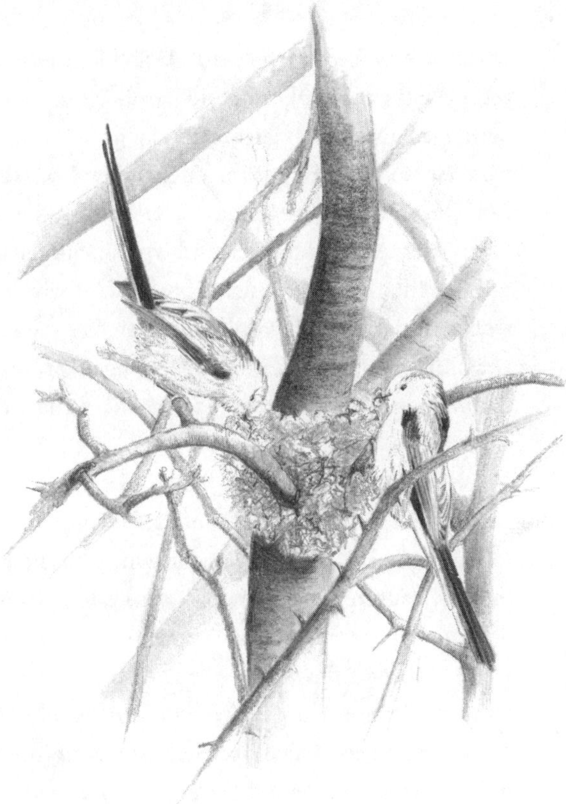

gel in kurzer Zeit in großen Mengen zu ernten sind. Es sollte uns nicht verwundern, wenn auch Vögel, wie die Schwanzmeisen, auf diese schlaue Idee der gegenseitigen Hilfe gekommen sind.

Es sind possierliche, sehr kleine Vögel, die mit ihrem verhältnismäßig großen Kopf, den dunklen Augen und dem kurzen Schnäbelchen dem Kindchenschema entsprechen. Schwanzmeisen sind keine echten Meisen, sie bilden eine ganz eigene Familie in der Systematik der Vögel und sind eher mit Lerchen und Schwalben als mit Meisen verwandt. Am markantesten ist der auffällig lange Schwanz. Der nur knapp zehn Gramm federleichte Vogel weist eine Gesamtlänge von Schnabelspitze bis Schwanzspitze von 15 Zentimetern auf. Dabei kann der Schwanz bis zu zehn Zentimeter lang sein und damit rund zwei Drittel der Körperlänge einnehmen. Dieser überlange Schwanz dient zum Ausbalancieren beim Hangeln an den äußersten, sehr dünnen Zweigen. Dort sammeln sie scheinbar spielend und sogar kopfüber vor allem winzige Insekteneier und Larven, aber auch Kleinstinsekten wie Blattläuse. In einem Experiment wurden die Schwanzfedern auf die Länge von denen der Blaumeisen verkürzt. Die gewohnten Balancierfähigkeiten gingen prompt verloren und damit ebenso die konkurrenzarme Nahrungsnische der Zweigspitzen.

Ich begegne diesen niedlichen Vögeln meist zufällig, wenn sie in kleinen, scheinbar familiären Trupps während des Winterhalbjahrs bei der Futtersuche umherstreifen. Unsere Begegnungen dauern nur Sekunden oder bestenfalls wenige Minuten, dann ziehen sie weiter, echte Vagabunden. Ihre gesellige Daseinsweise während des Winters hat eine ganze Reihe von Vorteilen. Schwanzmeisenschwärme besetzen und verteidigen eigene Nahrungsreviere. Die Männchen halten an ihrer Schwarmzugehörigkeit fest, während die Weibchen gelegentlich den Schwarm wechseln. Schwarmzeit ist nützlich als Kennenlernzeit. Aus den Schwärmen lösen sich im Spätwinter nach und nach einzelne Paare, um eigene Reviere zu besetzen. Die folgende Balz trägt ritualisierte Züge: Das Männchen lockt mit schmetterlingsartigen Flügen, mit Schwanzspreizen und Flügelzittern. Mit einer Feder im Schnabel zeigt es dem Weibchen mögliche Nistplätze. Dieses signalisiert nach strenger Prüfung sein Einverständnis, indem es einen Moos-Halm am bevorzugten Nistplatz ablegt.

Nach getroffener Entscheidung beginnen beide mit den aufwendigen, meist einen Monat lang währenden Bauarbeiten am Nest. Das dickwandige, ovale und überdachte Bauwerk, oft in Hecken, Bäumen und Pflanzengewirr sturmsicher versteckt, hat beträchtliche Ausmaße von bis zu 25 Zentimetern in der Höhe – ein bemerkenswertes Kunstwerk für einen so kleinen Vogel. Der Seiteneingang zeigt meist zur Sonnenseite. Das Moos der Außenhülle und die Federn im Inneren sorgen für eine mollig-warme Atmosphäre. Zur Tarnung des Nestes wird die Außenwand mit Flechten überklebt, die von den Baumrinden abgesammelt werden. Damit ist die Behausung bezugsfertig.

Damit der hohe Bauaufwand sich auch lohnt, legen die Weibchen fleißig Eier, bis zu einem Dutzend, manchmal auch mehr. Das Weibchen brütet zwei Wochen lang, während es vom Männchen gefüttert wird. Da das Nest nur einen Innendurchmesser von sechs Zentimetern aufweist, muss sich das Weibchen regelrecht verbiegen, es trägt dann vorübergehend gekrümmte Schwanzfedern, gut erkennbar bei ihren kurzen Ausflügen.

Bis dahin läuft alles glatt. Mit dem Schlupf der Küken aber kommen schier unlösbare Probleme auf die Eltern zu. Der Futterbedarf der vielen Nestlinge steigt so stark an, dass Unterernährung droht. Doch Rettung ist in Sicht, eine helfende Fütterungsbrigade rückt an. Es sind Familienangehörige aus der Umgebung, die bei der angespannten Versorgungslage zu Hilfe eilen. Nur so ist der Appetit der Kükenschar zu stillen.

Forschende der Universitäten Lund und Oxford haben die Vorteile des »Outsourcens« von Pflegeleistungen ermittelt. Vogeleltern, die Hilfe bei der Aufzucht von außen erhalten, leben im Schnitt ein bis zwei Jahre länger als Eltern ohne Hilfe. Nach dem Ausfliegen wird weitere zwei Wochen in Gemeinschaftsarbeit gefüttert. Diese Helfer entstammen erfolglosen Brutpaaren. Sie helfen aber nie gemeinsam. Sie gehen getrennte Wege, und jeder hilft nur den eigenen Nestgeschwistern, Blutsverwandte haben Vorrang. So gilt das Sprichwort »Blut ist dicker als Wasser« auch in der bunten Welt der Vögel.

ROHRSÄNGER – Emanzipiert

Es gibt Vogelarten, die extrem selten und weltweit vom Aussterben bedroht sind. Dabei haben sie noch vor gut einhundert Jahren breite Landstriche von Holland über Deutschland bis nach Sibirien besiedelt. Es sind die Seggenrohrsänger, schlanke Vögel, die erzwungenermaßen den Rückzug angetreten haben. Es ist sehr schade, dass sich unsere Wege kaum mehr kreuzen werden, es sei denn, wir geben ihnen etwas von dem zurück, was wir ihnen genommen haben: Lebensraum. Laut IUCN (International Union for Conservation of Nature) besteht die Hauptursache ihres Verschwindens in der Trockenlegung der Feuchtgebiete zur Ausweitung der chemie- und energieintensiven Landwirtschaft. Ein Irrweg, wie wir heute anerkennen müssen, auch im Hinblick auf den Klimaschutz und den Wasserrückhalt in der Fläche. Nur eine Renaturierung der Moore und Flussauen kann aus den Krisen herausführen und auch dem Seggenrohrsänger wieder Habitate zurückgeben. Einige verwandte Arten des Seggenrohrsängers können wir noch an Gewässern mit Schilfsäumen antreffen, darunter den Teichrohrsänger und den Drosselrohrsänger, beides auffallend fleißige Sänger, die uns mit ihren Liedern bis in den Sommer begleiten.

Bevor die Moore und Auen fast flächendeckend entwässert wurden, galt der Seggenrohrsänger als »Spatz der Flusstalmoore« und war alles andere als eine seltene Art. Heute wissen nur noch ausgewiesene Experten um seine Existenz und Lebensweise. Seggenrohrsänger pflegen einen sonderbaren Lebensstil. Es handelt sich um einen ziemlich kleinen, auf Kopf und Mantel hell gestreiften, überwiegend braun gefärbten Vogel. Ihr spezielles Zuhause sind ausgedehnte Sümpfe und urige Flussauen mit weitläufigen Flachwasserzonen. Dort besiedeln sie die Abschnitte mit den niedrigsten Wasserständen von nur ein bis zehn Zentimetern und mit der niedrigsten Vegetation von maximal 80 Zentimetern.

Zuletzt hat man singende Männchen im äußersten Nordosten Deutschlands im Nationalpark Unteres Odertal zu Gehör bekommen. Seit 2014 ist es um den Sänger still geworden. Im Unteren Odertal ist das Vorkommen ebenso erloschen wie am Neusiedler See in Österreich. Nun gelten der Osten Polens, die Ukraine und Weißrussland als allerletzte Rückzugsgebiete.

Seggenrohrsänger haben Spannendes, ja höchst Ungewöhnliches aus ihrem Leben zu erzählen. Die Vögel gehen ganz und gar eigene Wege und haben sich von Bindungen jedweder Art vollkommen gelöst. Sie sind ungebunden. Das gilt nicht nur in Bezug auf einen Partner. Auch eine starre Ortsbindung mit Grenzfestlegung ist passé. Paarzusammenhalt wie auch territoriales Verhalten gelten als überholt. Damit entfallen auch Reviervbesetzung und Revierverteidigung. Alles gehört allen. Seggenrohrsänger leben das Modell der »freien Liebe«, der Polyamorie. Männchen wie Weibchen versuchen, sich mit möglichst vielen Partnern zu paaren. Ein freiheitliches Lebensmodell ohne festgefügte Ansprüche in Bezug auf Partner und Besitz, ohne Kampf und Aggression, ganz friedlich also? Es scheint beinahe so.

Die Weibchen streben diese freizügigen Verhältnisse offensiv an. Sie schaffen die materiellen Voraussetzungen aus eigener Kraft. Um sich und den eigenen Nachwuchs satt zu bekommen, sind sie auf besonders insektenreiche, nasse Seggenmoore angewiesen. Dort suchen sie vor allem große Insekten und deren Raupen, aber auch Käfer und Schnecken. Mit großen Happen lässt sich der Hunger mit weniger Aufwand leichter stillen.

Das Lebensmotto der Seggenrohrsängerinnen lautet: Selbstständigkeit ist die Grundlage für ein freies und unabhängiges Leben. Der Preis der Freiheit liegt allerdings in einer hohen Einsatzbereitschaft und in einem erhöhten Gefahrenrisiko, denn es fehlt der männliche Beschützer. Ob darin der Grund für das ganz besonders heimliche Leben der Seggenrohrsängerinnen liegt? Die Männchen haben jedenfalls verstanden. Ihre Gesangsaktivität ist nach der Abenddämmerung und vor der Morgendämmerung am höchsten, just zu jenen dunklen Stunden, in denen sich die Weibchen aus der Deckung wagen. Ihr schnarrender Gesang ist nicht gerade bezaubernd, eher schlicht und einfältig, eben spatzenmäßig.

Den Nestbau übernimmt das Weibchen in vollständiger Eigenregie. Das geschieht auf nassem Grund im Schutze des dichten Pflanzengewirrs von Seggen und Binsen. Diese Pflanzen liefern auch gleichzeitig das Material für den Nestbau. Erst wenn das Häuschen mitten im Sumpf fertiggestellt ist, wird den werbenden Gesellen ein Ohr geschenkt. Fliegt dem Weibchen im Röhricht ein passendes Männchen über den Weg, so kommt es zu einer ungewöhnlich ausgiebigen Begattung. Die Mehrfach-Besamung kann bis zu 40 Minuten andauern – ein absoluter Rekord in der Vogelwelt. Das Männchen gibt damit möglichst viele seiner Gene weiter und nimmt gleichzeitig Mitbewerbern die Chancen für ähnliche Vorhaben. Das ist aber schon alles an männlicher Mitgift. Nicht einmal eine Befruchtungsgarantie kann gewährt werden. Das Weibchen legt Tag um Tag ein Ei, bis zu sechs Stück. Möglicherweise wird das nächste Ei schon von einem anderen Männchen befruchtet. Bei dieser Vogelart paaren sich Vielmännerei mit Vielweiberei. Auf diese überaus lockeren Verhältnisse reagieren die Männchen mit verstärkter Werbung. Sie balzen jedes erreichbare Weibchen an. So ist es nicht verwunderlich, dass der Anteil an Halbgeschwistern sehr hoch ist. Die Vogelkinder, die gemeinsam in einem Nest aufwachsen, haben viele verschiedene Erzeuger, meist sind zwei bis vier Väter an einer Brut beteiligt. Es gibt sogar den Nachweis eines Geleges mit sechs Eiern, befruchtet von fünf verschiedenen Vätern. Hier kann mit Fug und Recht von promisken Verhältnissen gesprochen werden.

Bemerkenswert ist die Tatsache, dass in jenen Fällen mit nur einem beteiligten Männchen die Nester mit weniger Eiern belegt waren. Offenbar stimulieren Begattungen durch mehrere Männchen die Legefreudigkeit der Weibchen. Wie auch immer: Das Weibchen hat die ganze Arbeit am Hals. Es muss nicht nur tüchtig bauen, sondern die Jungen auch alleine großziehen. Ist es geschafft und der Nachwuchs gesund und munter ausgeflogen, zieht nicht etwa Langeweile ein. Für die sich anschließende zweite Brut muss ein neues Nest errichtet werden, das alte ist dann schon baufällig. Mit neuem Elan geht es in die zweite Runde. Die Männer sind bei der Brutpflege ihres eigenen Nachwuchses ein Totalausfall.

Ziehen wir Bilanz: Die »freie Liebe« der Rohrsänger zeigt, dass sich vor allem die Männchen dabei frei fühlen können. Sie scheinen ein bequemes Leben ohne Verpflichtungen zu führen. Bleibt die Frage, welche Vorteile die Weibchen aus diesem offenen Beziehungsmodell ziehen können? Ist es die Tatsache, dass sie sich nicht unterordnen müssen und selbstbewusst durchs Leben flattern können? Entscheidender dürfte aber sein, dass dieses Lebensmodell vor allem eine Anpassung an die sehr wechselhaften und dynamischen Umweltbedingungen von Flusslandschaften ist. Flüsse sind launisch und unberechenbar. Von heute auf morgen kann es zu einer Hochwasserflut kommen. Da ist eine rasche Reaktion gefragt, um nicht unterzugehen oder zu verhungern. Man muss schleunigst seine sieben Sachen packen und umziehen, eben dorthin, wo gerade akzeptable Verhältnisse herrschen, um eine Brut erfolgreich zu absolvieren. Feste Bindungen wären dabei hinderlich.

ZAUNKÖNIG – Hochstapler

»Ich, ich, ich bin derrrr König« – so etwa könnte man den Gesang des Zaunkönigs in unsere Sprache übertragen. Wer möchte nicht König sein? Es fällt auf: Kleine Männchen wollen allzu gern groß und wichtig erscheinen – in der Vogelwelt und darüber hinaus.

Der Zaunkönig hat es geschafft. Er ist einer der kleinsten Wichte im Reich der Vögel Europas, mit einer Körperlänge von zehn Zentimetern und einem Körpergewicht von knapp zehn Gramm ist er ein regelrechter Winzling von rundlicher, recht niedlicher Gestalt. Dazu steht seine Stimme im Gegensatz. Sie ist ein unüberhörbares Schwergewicht im Freiluftkonzert mit Trillern und Rollern. Mit bis zu 90 Dezibel Quell-Lautstärke gehört sie zu den dominanten Gesangsdarbietungen in den Wäldern, Parks und Gärten und ist bis auf eine Entfernung von 500 Metern zu hören. Im Vergleich zur Körpergröße hat der Zaunkönig die lauteste Stimme unter den Vögeln, meist aus der Deckung vorgetragen. Da er selbst im Winter singt, nannte man ihn einst auch »Schneekönig«. »Sich freuen wie ein Schneekönig« kann man in der Tat, wenn man ihn im Schnee herumtollen sieht.

Seinem fulminanten Gesang steht sein unauffälliges, rotbraunes Federkleid entgegen. Er hebt sich damit äußerlich in keiner Weise von den Weibchen ab. Diese wiederum singen ebenfalls, allerdings schlichter und zurückhaltender. Nicht selten singen Weibchen und Männchen sogar im Duett. Man mag es kaum glauben, aber dieser Knirps gehört zu den zwölf häufigsten Vogelarten in Deutschland. Er kommt tausendmal häufiger vor als sein schärfster Konkurrent in der Fabelwelt, der Adler. Nach der Fabel von Äsop versteckte sich der Vogelzwerg heimlich im Federkleid des Adlers, um im Wettbewerb der Vögel »Wer fliegt am höchsten?« das große Los zu ziehen und noch höher als der Adler zu fliegen. Am Ende erklärt er sich zum Sieger: »Der König bin

ich!« – eben ein Hochstapler. Doch der Schwindel fliegt auf, zur Strafe wird er in ein Mauseloch verbannt, aus dem er glücklicherweise entkommen kann.

In Wahrheit sind Zaunkönige recht bodenständige Vögel, die sich bevorzugt auf Zaunhöhe durchs Leben bewegen. Im Wörterbuch der Gebrüder Grimm heißt er auch »Zaunschlüpferlein«. Ein begehrtes Zaunkönigrevier zeichnet sich durch reichlich Deckung und zumindest ein Quäntchen Wildnis aus. Diesem Vogel zuliebe habe ich bewusst eine gestaltete Unordnung in Teilen meines Gartens angestrebt: dichtes Gestrüpp mit Kletterpflanzen, Schilf in einer Senke, dazu Reisighaufen, Holzstapel und Steinpackungen. Diese Plätze durchstöbert er mit Begeisterung nach seinen Lieblingsspeisen, Spinnen, Ameisen, Fliegen sowie Mücken, und dabei duldet er sogar meine Nähe.

Flink wie eine Maus und ständig seine Position wechselnd huscht er durch das Pflanzengewirr. In kurzem geradlinigen Tiefflug ändert er seinen Standort. Dem kleinen rastlosen Kerl bleibt kaum etwas anderes übrig, als sich wichtigzutun. Will er Erfolg in der Damenwelt haben, muss er erhört werden. Deshalb schmettert und trillert er in selbstbewusster, königlicher Manier, was seine paar Gramm hergeben. Bei Erregung richtet er in markanter Weise sein kurzes Schwänzchen steil auf und singt dazu noch lauter.

Die Zaunköniginnen gelten als ausgesprochen anfällig für diese Art von Lockrufen. Im Gegensatz zum König, der äußerst reviertreu und bodenständig ist, männliche Rivalen rigoros vertreibt und sein Reich kaum jemals verlässt, erweisen sich die kleinen flotten Weibchen als sehr variabel, was das Revier und den Partner angeht. Dem König kommen diese Neigungen außerordentlich entgegen. Schwach werden die Weibchen vor allem dann, wenn ein Zaunkönigmännchen möglichst viele Wahlnester im Rohbau zu bieten hat und diese mit heftiger Schmettertour feilbietet. Drei versteckt angelegte Moos-Apartments im Angebot gelten als wenig, bis zu acht können es sein. Das Weibchen prüft die Angebote und führt eine Nestbesichtigung durch. Bei Gefallen nimmt es eine Kauerstellung ein, zittert mit den Flügeln und wippt mit dem ausgefächerten Schwanz, eine Einladung zur Kopulation, die vom Männchen gern angenommen wird. Die Fertigstellung des Nestes übernimmt dann das Weibchen, es folgen Eiablage und Brutbeginn.

Da die Männchen selbst nicht bereit sind, sich aufs Nest zu hocken und zu brüten, haben sie durchaus freie Termine und lassen nichts unversucht, weitere Weibchen in ihr Hoheitsgebiet zu locken. Besonders dem Achter-Apartment-Inhaber fliegen die

Weibchen nur so zu. Der Erfolg liegt auf der Hand beziehungsweise im Nest. Die meisten Eier wurden in Nestern von Weibchen gefunden, die mit polygamen Männchen verpaart waren, sich ihren Gatten also mit anderen Zaunköniginnen teilen mussten. Da die Brutplätze oft nur wenige Meter voneinander getrennt sind, könnte auch der Wettbewerb zwischen den kleinen Königinnen um die meisten Eier eine Rolle spielen. Entscheidend für diese hohe Legeleistung dürfte aber sein, dass die polygamen Zaunkönige im Besitz der besten Reviere sind und reichlich Futter im Depot haben. Ein hoher Kontostand und damit ein reichhaltiges Nahrungsangebot versprechen weibliche Begeisterung.

Sicher wäre jedes Weibchen gerne Alpha-Königin, in aller Regel ist es allerdings das Erstweibchen. Man meint, es sollte Privilegien genießen. Doch wird es weder beim Brüten abgelöst noch gefüttert. Selbst wenn die Küken geschlüpft sind, verhält sich der König reserviert. Erst ab dem achten Lebenstag, dann, wenn die Jungen ihre ersten Bettelrufe aussenden, erbarmt er sich und besorgt Futter für den Nachwuchs, allerdings nur sporadisch. Vielleicht glaubt das Männchen, mit seinen anfänglichen Bauprojekten genug für die Versorgung der Familie geleistet zu haben. Zumindest übernimmt das Männchen das Ausführen der Jungvögel, wenn sie flügge sind, um ihnen die Welt da draußen zu zeigen. Anschließend bilden sich Jugendtrupps, die noch lange nach dem Verlassen des elterlichen Reviers gemeinsam unterwegs sind.

Und wie ergeht es dem meist jüngeren Zweitweibchen? Dessen Bruterfolg, gemessen an der Anzahl flügger Jungvögel, ist erwartungsgemäß geringer als der des Erstweibchens. Stellt sich die Frage, warum Weibchen sich überhaupt auf eine Nebenrolle einlassen und sich mit einem bereits verpaarten Gatten abgeben? Die Antwort dürfte klar sein: Lieber als Zweitweibchen die Gene eines erstklassigen Männchens empfangen und in einem guten Revier immer noch hinlänglich gut versorgt sein, denn als Erstweibchen eines schwachen Männchens in einem ärmlichen Umfeld ein Dasein fristen zu müssen.

Insgesamt scheint das Zaunkönig-Modell eine Erfolgsstory zu sein. Bis zu 50 Prozent der Könige können, wie in Holland ermittelt, mit mehreren Weibchen zusammenleben. Nach anderen Quellen sind monogam lebende Zaunkönigmännchen sogar die Ausnahme – ein klares Stimmungsbild!

Die Tendenz zur Mehrweibchenehe scheint mit wachsendem Alter der Männchen zuzunehmen. Allerdings zeigen diese – wie auch andere Singvögel – schon ab dem vierten Lebensjahr Schwächeerscheinungen und müssen die guten Plätze für die kampfeslustigen Dreijährigen räumen. Die maximale Lebenserwartung für Zaunkönige beträgt nur sieben Jahre.

Im Winter bei klirrender Kälte wendet sich das Blatt, dann wird nicht mehr um Reviere oder Weibchen gekämpft, es geht ums nackte Überleben. So rotten sich die sonst unverträglichen Zaunkönige in Höhlen zusammen und bilden Wärmekugeln. Bäuche und Brüste eng aneinandergedrückt, die Schnäbel nach innen gerichtet, die Schwänze nach außen, schützen sich bis zu 20 Vögel gleichzeitig durch gegenseitiges Wärmen vor dem Erfrieren. Not schweißt eben zusammen.

HECKENBRAUNELLE – Komplexe Paarbeziehung

In kaum zu übertreffender Gründlichkeit haben britische Forschende um den Verhaltensökologen Nicholas Barry Davies das ungewöhnlich komplexe Paarungsverhalten der Heckenbraunellen untersucht. Zehn Jahre lang wurden 221 Männchen und 206 Weibchen im Botanischen Garten der Universität Cambridge, einem etwa 20 Hektar großen Gelände, einzeln mit Farbringen markiert und waren mit dieser Art von Personalausweis jederzeit identifizierbar. Selbst die intimsten Verhaltensweisen gelangten durch das intensive Studium sehr detailliert ans Licht der interessierten Öffentlichkeit.

Obwohl die Heckenbraunellen zu den 20 häufigsten Vogelarten zählen, sind sie den meisten Menschen völlig unbekannt. Doch das könnte sich ändern, wenn deren Liebesleben an Bekanntheit gewinnt.

Einem Mäuschen gleich huscht die Braunelle durch das Dickicht in Gärten, Parks und Wäldern. Das Verstecken in Hecken hat dieser Vogel vortrefflich gelernt. Die scheue Heckenbraunelle gilt als eine Meisterin der Tarnung und wird auch »die Unscheinbare« genannt. Sie ist schwer zu beobachten, in Deckung zu gehen ist ihr ein großes Bedürfnis. Die Geschlechter gleichen sich in ihrem unspektakulären bräunlichen Aussehen, einem Hausspatzen nicht unähnlich, allerdings mit dünnem Schnabel und bleigrauem Kopf samt Brust. Der Rücken ist mit schwarzen Streifen geschmückt. Im Blättergewirr fällt der kleine Vogel durch seine zwei Sekunden andauernden, eilig vorgetragenen, hochtonigen und etwas quietschenden Strophen auf. Manchmal zeigt sich das singende Männchen auf exponierten Heckenspitzen.

Heckenbraunellen haben sehr komplexe Paarbeziehungen, bei denen ein menschlicher Beobachter sehr schnell die Übersicht verlieren kann, nicht aber die britischen Wissenschaftler. Grundsätzlich hat jedes Weibchen sein eigenes Revier, das es auch gegen andere Weibchen verteidigt. Die Reviere können sehr dicht beieinanderliegen. Schon in einem Umkreis von 50 Metern können sich mehrere Weibchen mit ihren in Sträuchern gebauten Nestern aus Moos platzieren. Ein einzelnes Weibchenrevier kann wiederum von einem oder mehreren Männchenrevieren überlappt werden. So kommt es, dass ein Heckenbraunellenweibchen sich durchaus mit zwei Männchen verpaaren kann. Ähnlich häufig haben einzelne Männchen mehrere Weibchen.

Der konkrete Familienstand bei Heckenbraunellen richtet sich in erster Linie nach der Futtergrundlage. Ist genug Futter im Revier vorhanden und damit ein gewisser Wohlstand gegeben, trachten die Männchen nicht nur nach einem, sondern gleich nach zwei bis drei Heckenbraunellenweibchen. Seinem zahlreichen Nachwuchs, verteilt auf mehrere Nester, trägt das dienstbeflissene Männchen Futter zu. Das geht aber nur so lange gut, wie das Futter ausreicht. Paradiesische Verhältnisse, wo einem die »gebratenen Tauben« nur so in den Schnabel fliegen, sind rar. In kargen Zeiten und in ärmlichen Revieren kann es vorkommen, dass es ein reguläres Männchen nicht einmal schafft, ein einziges Weibchen nebst Jungvögeln ausreichend zu versorgen. Dann ist Hilfe von außen nötig. Das Weibchen wirbt in seiner Not ein Zweitmännchen an. Meist ist es ein Junggeselle, ein unerfahrenes einjähriges Exemplar, das ganz bestimmte Eigenschaften mitbringen sollte. Es muss tüchtig und hilfsbereit, bescheiden und zurückhaltend sein, kurzum ein subdominantes Beta-Männchen. Gehorsame Unterordnung ist oberste Pflicht. Die Vorherrschaft des dominanten Alpha-Männchens darf niemals infrage gestellt werden. Der öffentliche Gesangsauftritt und die öffentliche Begattung müssen das Privileg des Hauptmannes bleiben. Dann und nur dann toleriert der eifersüchtige Erstmann den Zweitmann gewissermaßen als Knecht. Doch allein den Knecht zu spielen macht keinen Spaß, das versteht auch das Weibchen. Um den Mann in der zweiten Reihe bei der Stange zu halten, belohnt das Weibchen seine treuen Dienste auf eine liebevolle Weise und fordert ihn nahezu stündlich zur Kopulation auf. Diese gelingt ohne Störung immer nur dann, wenn der Hauptmann einen größeren Ausflug zur Futtersuche machen muss und das Blätterwachstum vorangeschritten ist, damit ein guter Sichtschutz besteht. Je dichter die Verbuschung, umso schwieriger gestalten sich die Kontrollmöglichkeiten für den primären

Gatten. Wenn der Hauptgatte schließlich von seinem Futterflug zurückkommt und ebenso Lust auf sein Weibchen verspürt, geht er auf Nummer sicher. Um auszuschließen, dass womöglich ein Aushilfsgatte sein Weibchen befruchtet hat, setzt ein ausgefeiltes Ritual ein. Das Männchen umkreist sein Weibchen, das sich daraufhin abduckt, sein Gefieder sträubt und schüttelt. Schließlich hebt es mit zitternden Flügeln seinen Schwanz und legt den Kloakenausgang frei, der durch einen weißen Federkranz sehr auffällig markiert ist. Jetzt pickt das Männchen an die Kloakentür und löst ein Pulsieren aus. Es kann eine ganze Minute verstreichen und bis zu 30 Mal gepickt werden, bis das Weibchen ein winziges hell gefärbtes Tröpfchen absondert. Das ist das Sperma einer vorangegangenen Kopulation. Erst nach dieser Zeremonie besamt das Haupt-Männchen sein Weibchen mit garantiert eigenen Erbfaktoren. Genau das ist Sinn und Ziel des Spiels: wenn immer möglich, die eigenen Gene weiterzugeben. Doch eine Garantieerklärung kann das dominante Männchen nicht erwarten. Der praktizierte Ritus ist alles andere als eine sichere Verhütungsmethode. So überrascht es nicht, wenn der Nachwuchs im Nest von verschiedenen Vätern stammt. Interessant ist die Beobachtung, dass sich beide Männchen an der Fütterung emsig beteiligen, unabhängig davon, wie viele Küken aus eigener Produktion stammen. Die Bilanz kann sich sehen lassen: Wenn zwei Männchen für die Versorgung eines Nestinhaltes zur Verfügung

stehen, sind Anzahl und Gewicht der Küken im Vergleich zu anderen Beziehungsmodellen am höchsten.

Die Verhältnisse bei den Heckenbraunellen können aber noch unübersichtlicher werden. Das ist dann der Fall, wenn sich die Reviere mehrerer Weibchen mit den Revieren mehrerer Männchen überlappen. Handelt es sich um jeweils zwei Weibchen und zwei Männchen auf der grünen Bühne, kopulieren beide Männchen mit beiden Weibchen. Sind es noch mehrere sich überschneidende Reviere, treiben es alle Männchen mit allen Weibchen. In diesem Durcheinander verliert mancher Vogel Übersicht und Kontrolle über das Geschehen. Es kommt, wie es kommen muss: Es folgt die bedingungslose Kapitulation in Sachen Kopulation. An dieser Stelle kann man nicht mehr von Paarung – einer Sache zu zweit – oder gar beziehungsähnlichen Verhältnissen sprechen. Im Grunde genommen agieren die Vögel als Solisten mit wechselnden One-Minute-Stands. Die Brut selbst scheint dabei fast Nebensache zu werden. Doch die Männchen treten überall dort zur Fütterung an, wo sie kopulieren durften. Trotz des Tohuwabohus werden gesunde Vogelkinder in die Welt entlassen, und der Art scheint es gut zu gehen.

BEUTELMEISE – Ehestreit

Wir haben schon eine ganze Reihe von Vogelarten kennengelernt, die eine Familiengründung nur als eine kurze Episode im Jahreslauf betrachten und nach rund zwei Monaten die Ehe- und Familienkonstruktion als erledigt ansehen. Eine gesteigerte Dramatik in Ehe- und Familienfragen wird von den Beutelmeisen berichtet.

Es geht um eine der schillerndsten Vogelgestalten überhaupt. Mit einer schwarzen Gesichtsmaske und einem rostbraunen Mantel hebt sich das Männchen der Beutelmeise vom dezenteren

Weibchen deutlich ab. Deren Nest – und daher ihr Name – besteht aus einem kunstvoll geflochtenen, dickwandigen Beutel, der meist an einem herabhängenden Außenzweig von Weidenbäumen an Ufern von Flüssen und Seen in sicherer Höhe befestigt ist. Ein frei baumelndes Hängebett und gleichzeitig eine sturmsichere Kinderwiege. Schon allein dieses Bauwerk gebietet Respekt. Den Grundstein legt das Beutelmeisenmännchen, genauer gesagt, die Grundsteine. Denn tüchtige Männchen beginnen nicht nur ein Häuschen zu bauen, sie stehen auf Serienbauweise, wohl ahnend, dass ein Männchen mit vielen Immobilien für die Weibchen vermögender erscheint als ein bescheidener Einzelhäuschenbesitzer. Das wiederum steigert seinen Marktwert und macht ihn begehrenswerter.

Das Männchen webt die Nester sehr stabil und kunstvoll, allerdings nur, bis sie rohbaufertig sind. Die schaukelnden Freiluft-Wiegen sehen in diesem Stadium aus wie ein Korb mit Henkel. Bei einem ausgeprägten Bautrieb kann ein Männchen bis zu fünf derartiger Rohbauten zustande bringen. Dann ist vorerst Schluss mit Bauen. In diesem Zustand gibt der Bauherr seine baumelnden Häuschen der Damenwelt zur Besichtigung frei. Damit die gefragten Weibchen den Besichtigungstermin nicht verpassen, hängt sich das Männchen akrobatisch turnend an eines seiner Schwebenester – eine einladende Pose. Es wendet seinen Kopf aufgeregt hin und her und schickt dabei sein Liedchen trillernd und gedehnt in sehr hohem Ton in seine kleine Welt hinaus: »Sieh« – eine klare Botschaft. Und so fliegen die Weibchen ein und aus, prüfen die Häusle-Angebote und schauen zwischendurch mal zu den Nachbarn rüber, ob deren Präsentation vielleicht besser gefällt. Wonach wählen nun die Weibchen ganz konkret aus? Ein Hauptkriterium scheint die Hausgröße zu sein, genau genommen nicht die Quadratmeterzahl, sondern der Rauminhalt als Ganzes. Warum wohl? Viel Raum bedeutet mehr

Komfort, vor allem mehr Platz für weiches Polstermobiliar. Es geht dabei nicht um Polstermöbel, es handelt sich vielmehr um ein Energiesparprogramm. Ein hoher Standard bei der Wärmedämmung sorgt nicht nur für gute Wohnqualität und Behaglichkeit. Im besonders dickwandigen, gut ausgepolsterten Nest sind die Eier während der Brutzeit leichter warm zu halten und kühlen nicht so schnell aus, wenn das Weibchen mal was zu besorgen hat. Und auch dem Nachwuchs tut ein flauschiges Kugelnest ganz sicher gut. Ein wärmendes Obdach, das Regen und Kälte abwehrt, kommt den Ansprüchen sehr entgegen und bedeutet weniger Stress und mehr freie Zeit zur Nahrungssuche und zum Umherflattern. Genau das gefällt den Weibchen.

Wenn sich die Vogeldame für eine Offerte mit großzügiger Bauweise entschieden hat, beginnt ihre Feinarbeit als Innenarchitektin. Zuvor wird der Henkelkorb zu einem ovalen Bauwerk geschlossen. Die Ausstattung erfordert eine Menge Zeit und Geduld. Zwei bis drei Wochen können für die Fertigstellung des Gesamtkunstwerks vergehen. Neben den Innenarbeiten geht es auch um die Gestaltung des Eingangsbereichs. Dieser ist bei den Beutelmeisen schlauerweise nach unten ausgerichtet und somit überdacht, sodass es nicht hineinregnen kann. Zu guter Letzt wird das Hängenest mit reinster Naturwolle ausgekleidet und zum Kuschelnest verfeinert. Dazu wird Samenwolle von Weiden, Pappeln oder Rohrkolben eingesetzt, Materialien, die im späten Frühling in Hülle und Fülle in der Luft umherschweben. Erst wenn das Heim so gut wie fix und fertig ist, erlaubt das Weibchen die Begattung durch das ungeduldige Männchen. Mit dem Legen der Eier bricht aber der handfeste Ehestreit aus.

Worum geht es dabei? Wen wundert's, es geht entweder um Immobilienbesitz oder um die anstehende Hausarbeit. Zwei Streitfalltypen sind bekannt. Bei der ersten Variante verjagt das Weibchen kurzerhand sein Männchen. Der Grundstücksbesitzer wird komplett enteignet. Da das Häuschen gut wärmeisoliert und auch sonst recht sicher vor Feinden ist, kann sich das Weibchen diesen Rausschmiss erlauben. Ist das Männchen nur ein wenig gekränkt, zieht es vielleicht ein paar Hundert Meter weiter, baut dort ein neues Nest, lockt ein noch suchendes Weibchen an und bleibt mitunter sogar im Kontakt mit seiner Ex. Bei schweren Beleidigungen macht sich das Männchen über alle Berge und entfernt sich mitunter mehrere Hundert Kilometer. Diese Szenen einer Beutelmeisenehe können sich für das Männchen bis zu viermal hintereinander im Jahr wiederholen, immer mit einer neuen Inhaberin der Weibchenrolle.

Beim Streitfalltyp Nummer zwei kommt es nicht zur rabiaten Männchen-Vertreibung. Die Gemeinheit ist eine andere: Jeder der Partner will dem anderen die kommende Arbeit aufhalsen und sich selbst abseilen, das freie Leben genießen und ein neues Liebesabenteuer suchen. Das Brutgeschäft und erst recht die Versorgung des Nachwuchses sind bei vielen Beutelmeisen höchst unbeliebt, ja geradezu ein Graus und nichts mehr als eine lästige Pflicht, derer man sich schnellstmöglich entledigen möchte. So versucht jeder der Partner, rechtzeitig zu entkommen, und dem Zurückbleibenden die Hausarbeit samt Kinderaufzucht aufzuzwingen. Mal gelingt es dem Weibchen, unbemerkt zu entfliehen und andernorts neues Glück zu suchen, mal dem Männchen. Wenn beide gleichzeitig das Weite suchen, ist das Gelege verloren. Die Fluchtversuche vor den Mühen des Alltags setzen aber erst ein, wenn das Gelege mit sechs Eiern komplett ist. Um dem Männchen vorzutäuschen, dass noch lange keine sechs Eier gelegt sind, deckt das Weibchen die Eier zu und versteckt sie somit vor den Blicken des Partners. Dieser Trick signalisiert dem Männchen, dass es für die Begattung weiterhin gebraucht wird. Begattung ist Ehrensache. Kein Männchen drückt sich davor ohne Not. Erst wenn das letzte Ei ins Nest gelegt ist, werden vom

Weibchen die nackten Tatsachen, das komplette Gelege also, aufgedeckt, und es wird flugs die Flucht ergriffen. Das ahnungslos heimkehrende Männchen hat dann eine schöne Bescherung. Es wird zum Sitzengelassenen, im wahrsten Sinne des Wortes. Die Wahrscheinlichkeit, dass es das weitere Brutgeschäft im Alleingang übernimmt, wächst, je weiter die Saison fortgeschritten ist und die Chancen auf einen erfolgreichen Neuanfang schwinden. Das getürmte Weibchen kann mit etwas Glück irgendwo noch ein rufendes Männchen mit halb fertigem Nest aufspüren. Mit diesem Trick ist es dem Weibchen möglich, seine Nachkommenschaft bei reduziertem Aufwand zu verdoppeln. Dieses merkwürdige, ganz und gar nicht partnerschaftliche Verhalten deutet darauf hin, dass Beutelmeisen Beziehungsprobleme grundsätzlicher Art haben. Hinzu kommt, dass ihnen der Familienalltag offenbar zutiefst zuwider ist. Und so versucht jedes Exemplar auf seine Weise, diesen Niederungen irgendwie zu entkommen. Überlebt hat die Art dennoch mit rund 2000 Exemplaren bis zum heutigen Tage, vor allem in Ostdeutschland.

ROTKEHLCHEN – Solist

Seinen Melodien können wir eine Stunde vor Sonnenaufgang bis eine Stunde nach Sonnenuntergang lauschen – und das fast rund ums Jahr: das Rotkehlchen. Selbst zur Weihnachtszeit und in hellen Mondnächten erklingen die betörenden Lieder. Mit einem facettenreichen Repertoire von bis zu 275 verschiedenen Motiven voller lieblich-perlender bis wehmütiger Töne ist das Rotkehlchen akustisch reich gesegnet.

Es ist kein großes Kunststück, Rotkehlchen zu entdecken und zu belauschen. Die Vogelart rangiert an sechster Stelle in der Häufigkeitsliste und fehlt kaum irgendwo, sofern ein passender

Lebensraum vorhanden ist. In meinem Garten hat der pummelige Vogel mit orangerotem Gesicht, Brust und Kehle sein Zuhause. Er gilt als wohnorttreu und zeigt sich außergewöhnlich zutraulich, die Fluchtdistanz beträgt manchmal nur wenige Meter. Am Komposthaufen sowie zwischen den Gemüsepflanzen findet er reichlich Nahrung, darunter Insekten, Würmer und Spinnen. So wie sich Rotkehlchen im Wald Wildschweinen bei ihrer Wühlarbeit anschließen, folgen sie mir hüpfend und knicksend bei der Gartenarbeit. Sie profitieren von den freigelegten, eiweißreichen Leckerbissen, die ein lebendiger Boden im Überfluss zu bieten hat. Auf einem Steinwall nahe am Fenster habe ich eine flache Wasserschale platziert, die das Rotkehlchen beinahe täglich aufsucht. Es scheint ein festes Ritual zu sein. Der Vogel badet hingebungsvoll, sichert dabei permanent durch Rundumblick und putzt sein Gefieder sehr gründlich.

Da Männchen und Weibchen ein gleichartiges Gefiederkleid tragen und zudem auch noch beide zauberhaft singen, sind sie für uns Menschen nicht zu unterscheiden. Sie gelten als Sympathieträger. In Legenden steht das Rotkehlchen dem leidenden Christus tröstend bei. Aber was steckt hinter dieser schönen Fassade?

Es fällt auf, dass das Rotkehlchen in aller Regel allein unterwegs ist, kaum in Begleitung. Ein eigensinniger Vogel? Schon die Paarbildung läuft nicht ohne Konflikte ab. Im ausgehenden Winter verlässt das Weibchen seinen Hausstand und fliegt in ein benachbartes Männchenrevier, aus dem der Balzgesang ertönt. Statt der erwarteten freundlichen Begrüßung trifft das Weibchen auf Abwehr, Einschüchterungsversuche und Imponiergehabe des Revierbesitzers. Das Weibchen versucht, das Männchen mit zitternden Flügeln, Betteln und leisem Gesang zu beschwichtigen. Erst nach Tagen lässt sich das Männchen umstimmen. Ohne Übergang erfolgt die Kopulation. Danach stellt das Männchen seinen intensiven Balzgesang abrupt ein. Nicht selten geht die Paarbildung wenige Tage später in die Brüche.

Dringt ein fremdes Männchen in das Revier ein, setzt sich der Revierinhaber mit resolutem Gesangsauftritt, Aufplustern und wenn nötig erbittertem Einsatz der Krallen und des Schnabels zur Wehr. Dabei kann es um Leben oder Tod gehen – eine krasse Ausnahme unter den Singvögeln. Aggressionen drückt der Vogel auch durch einen Instrumentallaut, das »Schnabelknappen« aus, ein Aufeinanderschlagen von Ober- und Unterschnabel. Auffällig ist der Alarmruf aus kräftigen, wiederholten »zick«-Elementen, auch als »Schnickern« oder »Ticksen« bezeichnet.

Nestbau und Brüten sind weitgehend Angelegenheit des Weibchens, das Männchen besorgt Futter für die Familie. Ab dem 13. Tag erteilt das Männchen Gesangsunterricht und vermittelt die Strophenvielfalt an den Nachwuchs. Nach zwei Wochen Nestlingszeit folgen noch 10 bis 20 Tage Betreuung. Sobald sich die Jungen selbst versorgen können, werden sie von den Eltern kompromisslos aus dem Revier vertrieben.

Nach Abschluss der zweiten Brut gehen sich auch die Partner strikt aus dem Weg. Eine bewährte Methode, leidigem Streit zu entkommen, ist dabei der Rückzug ins selbst gewählte Exil. Sie trennen sich von allen Gemeinsamkeiten. Das Revier wird in eine weibliche und eine männliche Hälfte aufgeteilt. Die Revierverteidigung übernimmt nun jeder für sich. So singen sich Männchen und Weibchen allein durch den Winter, das Weibchen ein wenig leiser als das Männchen. Erst im Frühling beginnt wieder die Suche nach Nähe und Verständigung. So lernen sich die Rotkehlchen immer wieder neu kennen und vermeiden Überdruss. Die alte Ehe kann im vereinten Revier neu aufgelegt werden – als Saisonehe, es sei denn, es wird neu gewählt. Sicher ist: Nach Ablauf der Saison ziehen sie sich wieder in ihr selbst gewähltes Diogenes-Schicksal zurück.

Es fällt auf, dass Einzelgänger vor allem unter den Standvögeln und weniger bei den Zugvögeln zu finden sind. Sollte womöglich der Hang zum zeitweiligen Einsiedlerleben eine Art Ausgleich für die nicht stattfindenden Flugreisen sein? Eine Gelegenheit zum Abschalten und Entspannen? Bezeichnend ist bei den Einzelgängern eine stark erhöhte Neigung zur Aggressivität. Den niedlichen Rotkehlchen mit den großen dunklen Augen mag man es nicht zutrauen, aber sie können sehr rabiat und durchsetzungsfähig sein. Selbst ihr Spiegelbild bekämpfen sie aufs Heftigste, es könnte ja ein Rivale sein. Womöglich ist die Verknüpfung von Außenseiterdasein mit Aggressionsbereitschaft eine natürliche Notwendigkeit, um Abstand zu wahren. Wer sich als Einzelgänger behaupten will, muss ganz einfach auch abwehrstark sein. Was bleibt ihm auch anderes übrig, als Eindringlinge aus seinem Revier zu vertreiben, wenn ihm seine Ruhe heilig ist? Auch am Futterplatz im Winter tauchen Rotkehlchen weder als Paar, geschweige denn als Trupp, wie die Sperlinge, auf. Sie fallen vielmehr durch ihr dominantes, zänkisches Verhalten auf und vertreiben andere Vögel. Das possierliche Aussehen des Rotkehlchens ist also nur eine Seite des Vogels. Durch seine erstaunliche Durchsetzungsfähigkeit hat sich die Art mit rund vier Millionen Brutpaaren in gebüschreichen Wäldern, Gärten und Parks in Deutschland bislang gut behauptet.

SCHWAN – Dauerhafte Beziehung

Nach so vielem Wirrwarr zwischen den Geschlechtern bei den kleinen Sängern ist es an der Zeit, auch einmal nach »geordneten Verhältnissen« zu fahnden. Wir suchen nach jenen Vögeln, die sich bleibenden Beziehungen verschrieben haben, bei denen Tisch und Bett tagtäglich das ganze Jahr über, ja vielleicht sogar ein Leben lang geteilt werden. Die Vertreter der Dauerehe sind, verglichen mit der Vielzahl von Vogelarten, eher dünn gesät. Nur eine Minderheit von Arten ist dazu befähigt, ein Leben zu zweit zu führen.

Auch wenn die Fälle bekannt gewordener Untreue in der Vogelwelt mit wachsender Forschungsbegeisterung der Vogelkundler immer mehr zunehmen, ist es unstrittig: Es gibt die wahre Treue noch. Sie hat ihre volle Berechtigung. Aus menschlicher Sicht vermittelt Treue das Gefühl von Geborgenheit und nimmt die Angst, verlassen zu werden. Den Vögeln, insbesondere den Weibchen, verschafft der Zusammenhalt vor allem eines: Investitionssicherheit. Während Männchen eine nahezu unendliche Menge von Samenzellen mit wenig Aufwand als billige Massenware produzieren und verteilen können, sind legereife Eier ein knappes Gut, sie sind nicht so leicht ersetzbar und dementsprechend wertvoll. Für einen sorgsamen Umgang mit dem kostbaren und verletzlichen Gut »Vogelei« sind den Weibchen feste, verlässliche Partner von größtem Nutzen. Wenn sich ein eingespieltes Paar intensiv um das Brutgeschäft kümmert, steigt die Erfolgsrate pro Nest, gemessen an der Zahl der ausgeflogenen Jungvögel. Deshalb umsorgen in der Vogelwelt – im Unterschied zu den Säugetieren – meistens beide Partner, Männchen wie Weibchen, den Nachwuchs. Sie kooperieren in aller Regel eng und verlässlich, bis die Jungen flügge sind und sich selbstständig durch das Vogelleben schlagen können. Für die Vogeleltern stellt sich anschließend in der kinderfreien Zeit die Frage: Zusammenbleiben oder trennen? Wenn die Gattin oder den Gatten zu verlassen für niemanden einen Nutzen erwarten lässt, ist das Festhalten am Partner die beste Lösung. Diese Regel gilt und wird trotz vieler Ausnahmen in der Vogelwelt ganz ohne Standesamt, Notar oder Ehevertrag eingehalten.

Wer gehört nun zur Gruppe der »Dauerhaften«? Es fällt auf, dass es vor allem größere und langlebige Vogelarten sind, die zu bleibenden Beziehungen neigen. Schwäne, Gänse, Kraniche, Adler und andere Greifvögel sowie Rabenvögel und Eulen sind die wichtigsten Repräsentanten dieses Modells. »Ehe« kommt von »ehern«, was so viel wie »eisern« oder »felsenfest« bedeutet. Nichts und niemand kann daran rütteln, ganz sicher?

Durch dick und dünn wollen sie gemeinsam durchs Leben ziehen, in guten wie in schlechten Zeiten. Das ist das Lebensmotto der Schwäne. Mit über zehn Kilogramm Körpergewicht gehören sie nach den Großtrappen zu den schwersten flugfähigen Vögeln und können dennoch mit über 50 km/h recht zügig fliegen. Ein einzelner Schwan ist so schwer wie eintausend Zaunkönige zusammen. Um eine solche Körpermasse als Luftfracht zu befördern, bedarf es eines längeren Anlaufes sowie wuchtiger Flügelschläge, wodurch die Luft in weithin hörbare Schwingungen versetzt wird. Dieses singende Flügelgeräusch hat vermutlich auch bei der Namensgebung Pate gestanden – »swanaz« – vorgermanisch bedeutet so viel wie Lärm. Egal ob er fliegt oder nicht: Ein Schwan fällt auf, allein durch sein leuchtend weißes Federkleid ist er ein Blickfang ersten Ranges.

Weiß ist bekanntlich die Farbe der Unschuld. Wer in Weiß heiratet, zeigt an, den Partner fürs Leben gefunden zu haben. Ganz in Weiß – das ist die viel besungene Traumhochzeit. Eine Trauung ist ein Bekenntnis, man traut einander, nicht nur für einen Sommer, ein Leben lang soll die Liebe währen. Welch ein schöner Traum …

Traum und Realität können mit der Zeit auseinanderdriften. Eine Zweierbeziehung kann, muss aber nicht auf ewig aufrechterhalten werden. Wird die Partnerschaft nur für eine begrenzte Zeit gelebt, dann wird der Partner zum Lebensabschnittsgefährten. Derartige Lebensmodelle haben sich zunehmend verbreitet, sie werden in unseren Gesellschaften inzwischen als normal empfunden.

Die meisten Vogelarten sind schon lange vor uns auf die Idee der Lebensabschnittsgefährten gekommen. Warum gerade die Vögel? Ihre Lebenszeit ist in vielen Fällen relativ kurz. Nach einem Jahr ist für Kleinvögel fast schon das halbe Leben vorbei. Aus rein praktischen Gründen lohnt es sich offenbar nicht, an einem Partner festzuhalten, wenn dessen Überlebenswahrscheinlichkeit bis zum kommenden Frühling nicht gerade groß ist. Deshalb sind Paarbildung und Familiengründung zumeist saisonal angelegt. Mit dem Ende der Sommersaison enden die meisten Bindungen. Doch es geht auch anders.

Schwäne gehören zu den herausragenden Ausnahmekandidaten. So vertraut, wie uns die Höckerschwäne sind, sie waren in Mitteleuropa – abgesehen vom Ostseeraum – keineswegs heimisch und wurden erst im 16. Jahrhundert als Parkvogel eingebürgert. Ihren Nachfahren begegnen wir in städtischen Parkteichen ebenso wie in freier Landschaft, Erstere können beinahe handzahm sein, die »Freiheitlichen« haben sich wieder in Richtung Wildvögel entwickelt. Die majestätisch wirkenden Vögel mit ihrem elegant getragenen S-förmig gebogenen Hals sind meist zu zweit unterwegs, als Paar scheinbar unzertrennlich. Der männliche Schwan trägt als Erkennungszeichen einen auffallend großen schwarzen Höcker auf seinem rotorangefarbenen Oberschnabel, zudem wirkt er – bei sonst gleichem Aussehen – deutlich größer als die Gattin. Er hat nicht nur mehr Masse, auch pflegt er sich mithilfe seines Gefieders aufzublasen – viel heiße Luft also, eben typisch männlich.

Schwäne sind langlebig. Der älteste gefundene Ringvogel hat es in freier Wildbahn auf sagenhafte 40 Jahre gebracht – eine große Ausnahme. Das durchschnittliche Alter aller Schwaneneltern, die sogenannte Generationslänge, beträgt nur sieben Jahre, bei Singvögeln sind es oft nur drei Jahre. Wohl auch aufgrund der höheren Lebenserwartung haben sich Schwäne für die klassische

Form eines festgefügten Paares entschieden, für die Monogamie auf Dauer, eine Art nachhaltige Ehe. In der Vogelwelt gelten Schwäne als Musterbeispiel für dieses Modell. Halten also Schwäne zusammen, bis dass der Tod sie scheidet? Keine Regel ohne Ausnahmefälle. Genau diese werden vom menschlichen Forschergeist mit wachsendem Interesse immer wieder aufgespürt. Warum wohl? Nicht mit dem Normalfall, vielmehr mit krassen Ausnahmen, mit Unerwartetem und Sonderbarem erregt man öffentliche Aufmerksamkeit, auch in der Forschungslandschaft.

Um eine Familie zu ernähren, brauchen große Vögel große Reviere. Damit wird sichergestellt, dass jederzeit für alle Familienmitglieder genug Nahrung vorhanden ist. Schwäne brauchen als Wasservögel notgedrungen ein großes Wassergrundstück, bevorzugt an flachen Seen oder Teichen. Doch derartige Anwesen sind rar und sehr begehrt. So kommt es, dass die Mehrzahl unserer heimischen Höckerschwäne in einer Warteschlange von Nichtbrütern ausharren, weil ihnen die freien Brutreviere fehlen. Sie vertreiben sich ihre Zeit im Gruppenmodus auf Wiesen und Feldern und vertagen ihre Fortpflanzung in ein Folgejahr. So hat der Mangel an Wassergrundstücken eine natürliche Geburtenregelung als Folge.

Ehe sich zwei Schwäne endgültig füreinander entscheiden und eine Familie gründen, vergehen drei, oft aber vier oder mehr Jahre – für Vögel eine vergleichsweise lange Zeit. Es sind die ungebundenen, wilden Junggesellen- und Junggesellinnenjahre. Sie streifen in Gruppen über Felder und Wiesen und tummeln sich auf dem Wasser – ein scheinbar sorgenfreies Dasein. Doch hinter den Kulissen findet schon die Vorbereitung auf den Ernst des Lebens statt: Schwan sucht Schwänin und umgekehrt, es ist die Zeit des Kennenlernens. Schwan ist eben nicht gleich Schwan, auch wenn sie im Erwachsenenalter alle weiß aussehen. So wird in jungen Schwanenjahren getestet, wer zu wem gut passen könnte.

Die Entscheidung muss gründlich vorbereitet werden, denn es hängt viel davon ab, sehr viel. Wer möchte sich schon ein Leben lang auf die Füße treten? Oder sich mit einem Faulenzer herumärgern? Harmonie ist gefragt, will man es ein Leben lang miteinander aushalten.

Hat ein männlicher Schwan mit Glück ein freies Wassergrundstück gefunden, dann melden sich die Kosten in Form harter Arbeit. Von Anbeginn ist der ganze Mann gefordert, um die Besetzung des Territoriums für die familiären Vorhaben zu sichern. Der männliche Schwan muss nun zeigen, was in ihm steckt. Der Preis des Grundstückes ist dessen permanente Verteidigung und Sicherung gegen unerwünschte Übergriffe. Nähert sich ein Eindringling, nimmt der Revierbesitzer eine Imponierhaltung mit zurückgebogenem Hals, gesenktem Schnabel und segelartig gelüfteten Schwingen ein und kommt – eine große Bugwelle vor sich herschiebend – ruckartig und mit hohem Tempo herbei, zischt und faucht drohend, bis der unerwünschte Konkurrent – oder der menschliche Eindringling – den Rückzug antritt. Wenn das alles nicht hilft, wird mit dem Schnabel zugebissen und mit den Flügeln geschlagen, auch ein Luftkampf kann zur Klärung der Verhältnisse nötig werden. Selbst eine Kuh kann ein Schwan aus seinem Nistbereich erfolgreich vertreiben. Ist erst einmal das Revier gesichert, steht das Fundament für künftige Vorhaben. Die Partnerwahl vollzieht sich bei unseren heimischen Höckerschwänen eher still und ohne großes Aufsehen – zumindest für den menschlichen Betrachter. Man kann dennoch sicher sein, dass manches Rendezvous von glühendem Herzklopfen begleitet ist.

Das erste große Gemeinschaftsprojekt des frisch vermählten Schwanenpaares ist der Nestbau, am besten auf einer kleinen Insel oder im unzugänglichen Schilfdickicht. Auch Schwäne wollen ihre Privatsphäre gewahrt sehen. Wer will schon ständig von zwei- oder vierbeinigen Besuchern zur Unzeit im Wohnbereich belästigt werden? Das zu bauende Nest weist eine beträchtliche Dimension von ein bis zu zwei Metern im Durchmesser auf. Unmengen von Baumaterial sind heranzuschaffen. Das ist eindeutig Männersache. Zweige und Schilfhalme werden auf dem Wasserweg transportiert. Es handelt sich dabei, wie in der Vogelwelt üblich, um Naturbaustoffe, biologisch restlos abbaubar. Die Übergabe der Baustoffe erfolgt am Nest an das Weibchen. Sie ist die Innenarchitektin und verbaut das gelieferte Material in professioneller Weise. Geht es mit dem Nestbau flott voran, ist es ein Zeichen für eine intakte Schwanenehe. Auch wenn das Nest noch nicht ganz fertig ist, kann es schon zur Begattung und sogar zur Eiablage kommen.

Eines Tages fand ich ein Schwanenei am Ufer eines Altarmes der Elbe. Allerdings war ein Nest weit und breit nicht in Sicht und auch kein Schwan. Was also tun? Ich entschied mich für ein Experiment. Statt das Ei dem Fuchs auf seinem nächtlichen Beutezug zu überlassen, habe ich es in die heimische Küche mitgenommen. Warum nicht einmal Spiegelei vom Schwan verkosten? Schließlich haben unsere Vorfahren alle möglichen Vogeleier verzehrt. Das Ei aufzuschlagen war eine erste große Herausforderung, die Schale ist steinhart. Erst mit passendem Werkzeug ist es mir gelungen, das Innenleben in die Pfanne zu verfrachten. Das Eigelb war mehr rot als gelb, wohl durch das karotinhaltige Futter verursacht. Dieses einzige Ei füllte die Bratpfanne komplett aus, ein Schwanenei entspricht gewichtsmäßig fünf Hühnereiern. Nachdem das Spiegelei in den festen Zustand übergegangen war, folgte die Verkostung – zu meiner eigenen Überraschung nicht ohne instinktartige Hemmungen. Geschmack und Geruch erinnerten etwas an Unterwasserpflanzen, am Ende habe ich das Experiment ohne merkliche Schäden überlebt.

Hin und wieder hatte ich das Glück, bei einer Schwanenhochzeit »Trauzeuge« zu sein. Schwanenmännchen und Schwanenweibchen schwimmen dafür zunächst einträchtig nebeneinander her. In einer Gegenüber-Pose folgen als Vorspiel elegante Halsbewegungen, die herzförmige Bilder entstehen lassen. Als besondere Form der Zuneigung legen sie ihre Hälse über Kreuz. Berührung verbindet. Eine wahrhaft schöne und symbolische Handlung für die sich anbahnende Zusammengehörigkeit.

Beieinanderschwimmend tauchen die Vögel ihre Köpfe immer wieder ins Wasser. Ihre Paarungsbereitschaft signalisiert die Schwänin, indem sie die Schwanzspitze anhebt, die Flügel seitlich streckt und sich flach auf das Wasser legt. Das Männchen dockt schließlich durch einen Biss in den Hals des Weibchens an und gelangt zur Kopulation auf dessen Rücken. Der Paarungsakt dauert fünf bis zehn Sekunden und wird täglich wiederholt. Beim Nachspiel recken sich die Partner Brust an Brust durch Paddelbewegungen in die Höhe, begleitet von lauten, schnarrenden, gurgelnden und pfeifenden Tönen. Den Abschluss bilden intensives Waschen und Ordnen des Gefieders.

Alle zwei Tage füllt sich das Nest mit insgesamt fünf bis acht Eiern, die das Weibchen fünf bis sechs Wochen bebrütet. Schon einen Tag nach dem Schlupf geht es als Familie ins Wasser, Weibchen vorn, Männchen hinten, dazwischen aufgereiht und gut behütet die Kükenschar. Manchmal schlüpfen die silbergrauen Dunenküken ins Rückengefieder der Eltern, um sich zu wärmen und vor gefräßigen Hechten sicher zu sein. In der Tat gehören die Raubfische zu den gefährlichsten Feinden der Schwanenküken. Die erwachsenen Schwäne haben in Mitteleuropa kaum Feinde zu befürchten, sieht man von Menschen und Hunden einmal ab.

Die erste Mahlzeit gleich nach dem Schlupf wird noch im Nest in einer Art von Lieferkette durch das Elternpaar serviert. Alle weiteren Mahlzeiten werden im Schwimmen eingenommen. Doch wie kommen die Schwanenkinder an das frische Grünzeug

tief unter Wasser? Die Altvögel holen mit ihren beinahe meterlangen Hälsen die Wasserpflanzen, vermischt mit Kleingetier, nach oben. Das Heranwachsen der Jungvögel bis zum Flüggewerden dauert vier bis fünf Monate, erst dann können sie sich in die Lüfte erheben.

Klug aufeinander abgestimmt haben sich Schwanenpaare bei der Mauser, dem jährlichen Federwechsel. Die Vögel sind dann für fast zwei Monate flugunfähig. Im Juni beginnt das Weibchen mit dem Abwerfen der Federn. Erst wenn es wieder voll befiedert und flugfähig ist, folgt das Männchen mit der gleichen Prozedur.

Die Jungschwäne bleiben bis in den Spätherbst bei ihren Eltern, eine ausgesprochen lang anhaltende, enge Familienbande. Spätestens im Winter werden sie dann aus ihrem gewohnten Kindheitsrevier rigoros vertrieben. Dann ist Schluss mit Familie. Warum so unfreundlich? Es braucht Platz für die Schwanenkinder des nächsten Jahrgangs. Bei Schwänen hat eben alles seine straffe Ordnung.

GANS – Jährliches Familientreffen

Wer intaktes, ausgeprägtes Familienleben im Reich der Vögel genauer kennenlernen will, ist bei den Gänsen richtig. Kaum eine andere Vogelart ist so familienfixiert wie sie. Die meiste Zeit im Jahr verbringen sie in Familienverbänden oder in größeren Schwärmen. Dennoch sind die Partnerbeziehungen klar definiert. Männchen und Weibchen erkennen sich an ihrer Stimme und sind eng miteinander verbunden, eine auf Dauer angelegte, eheähnliche Konstruktion. Wer jemals erlebt hat, wie eine Einzelgans im Suchflug mit schmerzlich klingendem Klageruf nach ihrem verloren gegangenen Partner ruft, kann die Bindungsstärke nachvollziehen. Bis zu 23 Jahre alt kann eine wild lebende Graugans werden. Geht einer Gans der Partner verloren, sei es durch einen Fressfeind, einen Unfall oder durch Abschuss, dann bleibt die Witwe oder der Witwer erst einmal in Trauer allein. Doch selbst die treuen Gänse gehen irgendwann neue Bindungen ein. Vögel sind eben keine Dogmatiker, und das ist auch gut so!

Das Gänse-Liebesleben beginnt damit, dass Gänsemädchen und Gänsejünglinge im Herbst ihres zweiten Lebensjahres Interesse füreinander entwickeln. Die Gänsemädchen sind überwiegend ihrem Geburtsort treu und kehren von ihren mehr oder weniger ausgiebigen Winterausflügen dorthin zurück, wo sie einst selbst aus dem Ei schlüpften und das Licht der Welt erblickten. Die heranwachsenden Gänsejünglinge spielen die Rolle der Suchenden. Begegnen sie einer Gänsegesellschaft mit einem jungen, attraktiven Gänseweibchen, dann wird zurückhaltend dessen Reaktion abgewartet. Nur wenn es weder aggressiv reagiert noch ausweicht, beginnt die Annäherung.

Der junge Ganter plustert sein Gefieder auf und schwimmt in der Gänsegesellschaft vor den Augen des zu erobernden Weibchens aufgeregt hin und her wie auf einer Showbühne. Mit diesem Imponiergehabe wird die Rangordnung in der Truppe erstritten. Ziehen sich die Rivalen zurück, feiert der Sieger-Ganter seinen Erfolg mit einem weithin hörbaren trompetenden Triumphgeschrei im Beisein seines begehrten Weibchens. Das so verlobte Paar lebt dann eine gewisse Zeit zusammen. Diese Gelegenheit wird genutzt, um sich durch gemeinsame Erlebnisse im Alltag näher kennenzulernen. Die Paare gehen gemeinsam auf die Weide, um Grünfutter zu zupfen, oder sie schwimmen paarweise auf dem Wasser umher, selbst die Mittagsruhe wird gemeinsam zelebriert. Ganz sicher wird auch die Kommunikation, die Verständigung geübt, um groben Missverständnissen vorzubeugen und um die Bedürfnisse des Partners in Erfahrung zu bringen. Es geht darum, eine gemeinsame Sprache zu finden. Gänse sind als gesellige Tiere sehr kontakt- und ruffreudig, man kennt mehr als ein Dutzend verschiedener Lautäußerungen, die zusätzlich individuell variiert werden können.

Das Gefühlsleben der Gänse kennen wir nicht wirklich, wir könnten bestenfalls spekulieren. Nun haben Wissenschaftlerinnen aus Österreich mithilfe der Telemetrie den Herzschlag an Gänsen gemessen. Normalerweise liegt die Frequenz bei 100 Schlägen pro Minute. Nähert sich jedoch die oder der Liebste, steigt die Frequenz auf 500. Das lässt erahnen, welche Gefühlsstürme im Herzen der Gänse ablaufen können. Vogelherzen weisen besondere Fähigkeiten auf. Um die körperlichen und psychischen Anstrengungen bewältigen zu können, ist das Herz mit vier Kammern ausgerüstet, und auch das Kreislaufsystem ist außerordentlich leistungsfähig.

Die Verlobungszeit ist nicht nur Kennenlernzeit, sondern auch Anpassungs- und Bewährungszeit. Unvorhergesehene Zwischenfälle kommen immer wieder vor und müssen gemeistert werden. Wenn sich zum Beispiel ein fremder Eindringling den Verlobten ungebührlich nähert, dann kann der junge Ganter zeigen, was in ihm steckt: Mit hohem Einsatz, gestrecktem Hals, lautem Geschrei und geöffneten Flügeln zeigt er, wer das Sagen hat. Nach erfolgreicher Abwehr und sich überschlagendem Triumphgeschrei kehrt der Ganter zu seiner Verlobten zurück, um sich feiern zu lassen. Die weibliche Anerkennung ist ihm gewiss. Mitunter rufen sie sogar im Duett. Erst im vierten Lebensjahr sind die Gänse reif für die ersten Brutgeschäfte, vorausgesetzt, die Verlobung geht nicht vorher in die Brüche.

Gänse können sehr unterschiedliche Beziehungsformen eingehen. Neben den üblichen heterosexuellen Paaren wurden des Öfteren gleichgeschlechtliche Paare gesichtet, aber auch Dreiecksbeziehungen gibt es. Bei den gleichgeschlechtlichen Paaren handelt es sich um homosoziale, nicht um sexuelle Beziehungen. Sie werden ausschließlich von männlichen Gänsen eingegangen, es sind sehr enge Männerfreundschaften. Bei den Dreiecksbeziehungen gesellt sich zum Gänsepaar meist ein junges Weibchen hinzu. Die beiden Weibchen tolerieren sich, mögen einander aber nicht wirklich.

Gänse finden sich zur Brutzeit am liebsten in lockeren Verbänden aus mehreren Paaren zusammen, eine Art Brutgemeinschaft. Bevorzugt suchen sie unzugängliche Flusslandschaften, Moore und Sümpfe auf. Attraktiv sind auch Schutz bietende Inseln. Wichtigste Bedingung ist in jedem Falle der Zugang zu flach auslaufenden Uferbereichen mit angrenzenden Grünlandflächen, um gleich nebenan jederzeit zarte Gräser und Kräuter zupfen zu können.

Gänse in der freien Natur sind sehr scheu und weisen eine hohe Fluchtdistanz auf. Sie waren immer eine begehrte Jagdbeute und kennen den Menschen nicht gerade als Freund. Manche Populationen haben sich trotzdem für das städtische Leben entschieden und an den Menschen gewöhnt, zumal dort striktes

Jagdverbot herrscht. Auf den Inseln von Parkgewässern siedeln manchmal Dutzende Brutpaare von teilweise halbzahmen Graugänsen – eine Einladung an uns zur Beobachtung ihres Soziallebens.

Im März beginnen die Paare, die Brutplätze auszuhandeln. Die stärksten Paare erstreiten sich die besten Brut- und Äsungsplätze. Während die Gans mithilfe ihrer kuschelweichen Daunen die Nestmulde baut, fünf bis acht Eier legt und anschließend ganze vier Wochen bebrütet, schiebt der Gänserich Wache und schlägt Alarm, wenn ein Feind in Sicht ist. Meist beginnen die benachbarten Gänsepaare annähernd gleichzeitig mit dem Brutgeschäft, so, als hätten sie sich abgestimmt. Die Verständigung zwischen Eltern und ihrem Nachwuchs beginnt schon zwei Tage vor dem Schlüpfen. Wie das geht? Es wird drahtlos durch die Eischale kommuniziert. So rufen die Gössel aus der Innenwelt die Gänsemutti an und teilen ihr Befinden mit. Der Schlupf aus der Eischale erfordert eine große Kraftanstrengung. Hat schließlich ein Küken mit seinem scharfen Eizahn die Eischale gesprengt, hält es erst einmal einen Augenblick inne, ehe es nach einigen Minuten sich mit dem Spruch »wi-wi-wi-wi« zu Wort meldet. Darauf antwortet die Gänsemutter im beruhigenden Ton »ga-ga-ga-ga«.

Die Küken prägen sich das Aussehen, aber vor allem das Hinterteil und die Stimme ihrer Mutter gut ein, denn ihr müssen sie in wenigen Stunden folgen und dürfen sie nicht aus den Augen verlieren. Noch am gleichen Tag wird im Gänsemarsch das Wasser aufgesucht. Ohne vorherigen Schwimmunterricht geht es mit einem kühnen Sprung hinein ins aprilkalte Nass. Die Gänsemutter vornweg, dann wie aufgereiht die Gössel und am Ende der Kette der Gänsevater, der das Geschehen überwacht und aufpasst, dass niemand verloren geht.

Das Gänseleben ist voller Gefahren. Die Sterblichkeit der Jungvögel ist von der Lebenserfahrung der Eltern abhängig. Die Überlebenschancen junger Graugänse nehmen mit dem Alter von Mutter und Vater zu. Als besonders erfolgreich bei der Aufzucht erwiesen sich die sechs- bis zehnjährigen Gänseeltern.

Schon seit über einhundert Jahren sind Gänse beliebte Forschungsobjekte, vor allem was die Prägung von Verhaltensweisen angeht. Gleich nach dem Schlupf aus dem Ei werden die Küken auf das geprägt, was sie zuerst gesehen haben, meist ist es die Mutter, denn ihr müssen sie folgen, um zu überleben. Werden sie jedoch auf einen Menschen geprägt, so folgen die jungen Gänschen ganz konsequent diesem Vorbild, sowohl zu Lande als auch zu Wasser. Dieses Experiment hat den Wiener Verhaltensforscher Konrad Lorenz (1903–1989) als »Gänsevater« berühmt gemacht. Wie erst später bekannt wurde, war Lorenz in der NSDAP als Verfechter der Rassenideologie aktiv.

Die täglichen Schwimmstunden in freier Wildbahn sind anfangs vor allem in der Morgendämmerung bis zum Sonnenaufgang zu beobachten, für mich sind das die schönsten Momente im Gänsejahr. Mit großer Vorsicht bewegen sich meist mehrere Gänsefamilien gleichzeitig über das Wasser. Bisweilen kann man auch schwimmende Kindergärten beobachten. Dabei vereinigt sich der Nachwuchs mehrerer Gänsepaare zu einer langen Kette.

Gänse sind durch und durch ein geselliges Völkchen. Gemeinschaft wird großgeschrieben.

Wenn die Jungen das Fliegen erlernt und die Alten die Mauser hinter sich haben, fliegen die Familien gemeinsam ins Winterquartier. So lernen die Jungen die besten Wanderrouten und die störungsarmen Rastplätze kennen. Doch irgendwann findet das schönste Familienleben ein Ende. Im nächsten Frühjahr, wenn die neue Brutperiode ansteht, müssen die Jungen aus dem Revier der Alten weichen. Das tun die Halbwüchsigen meist nicht freiwillig. Wer verlässt schon gern sein vertrautes, bequemes Zuhause? Da hilft nur die konsequente Vertreibung. Und das ist Sache des Gänsevaters, er sorgt für klare Verhältnisse. Schließlich müssen die Jungen lernen, auf eigenen Füßen zu stehen. Das tun die jungen Gänse dann auch, indem sie sich erst einmal mit anderen Halbwüchsigen scharenweise zusammenschließen. Ein Trost bleibt: Die Trennung von der Familie ist bei den Gänsen nicht endgültig. Jedes Jahr ist ab dem Spätsommer das große Familientreffen an bestimmten Sammelplätzen angesagt. Gänseeltern finden sich mit ihrem jüngsten Nachwuchs ein, hinzu kommen die Vorjährigen, die Tanten, Onkel, Nichten und Neffen. So wächst die Gänseschar in die Hunderte, und man kann das legendäre Schnattern der Gänse auf dem Höhepunkt erleben – Wiedersehensfreude auf Gänseart.

Forschende aus Österreich haben in jüngerer Zeit nachgewiesen, dass Graugänsen eine hoch entwickelte soziale Intelligenz eigen ist. Sie erkennen einander ganz individuell an ihren verschiedenen Rufen. Eine Gans kann um die 100 Gänse zu ihrem persönlichen Bekanntenkreis zählen und deren Charakterzüge einschätzen. Ihre zahlreichen eigenen Verwandten kennt sie sehr genau und findet sie auch in scheinbar unüberschaubaren, großen Schwärmen wieder.

Ganz besonders auf Sammel- und Rastplätzen herrscht oft ein

reges Rufen und Treiben, es hilft dem Wiederfinden von Familienmitgliedern. Egal ob auf dem Wasser oder in der Luft, egal ob am Tage oder in der Nacht, Gänse haben sich immer etwas zu erzählen – typisch Großfamilie.

Vor mehreren Tausend Jahren wurden die Graugänse von unseren Vorfahren als Hausgänse domestiziert. Als Wildvögel waren sie seit jeher eine begehrte Jagdbeute des Menschen, mit einem Gewicht von zwei bis vier Kilogramm eine köstliche wie reichhaltige Speise. Aufgrund ihrer Verfolgung waren Graugänse noch vor 50 Jahren sehr viel seltener, inzwischen haben sich die Bestände durch Schutzbemühungen mehr als verzehnfacht.

Nicht nur die Anzahl der wild lebenden Graugänse, auch ihr Verhalten hat sich sehr verändert. Vor einigen Jahrzehnten sind sie durchweg im Herbst nach Südspanien, Algerien und Tunesien geflogen. Doch aus den ehemaligen Zugvögeln wurden zunehmend Standvögel. Sie lassen es sich auf den schneefreien, mit Nahrung reich gedeckten Feldern und Wiesen gut gehen. Im Zeitalter des Klimawandels geht der Trend vom Fernfliegen zum Nahbleiben. Wenn es dann doch mal kurz Winter werden sollte, fliegen sie mit 100 km/h Richtung Westen. Nach nur wenigen Flugstunden weht ihnen bereits milde Atlantikluft entgegen.

ENTE – Ewig verlobt

Was das Liebesleben der Vögel angeht, sind die Enten ein Kapitel für sich. Während Schwäne und Gänse, die ebenso zur Familie der Entenverwandten zählen, auf dauerhafte Paarbeziehungen und auf soziales Familienleben schwören, stehen die Enten vor allem auf Verlobung. Im zeitlichen Umfang überragt der Verlobungsstand bei Weitem den Ehestand. Wie geht das? Wenn es ernst wird – ist dann Schluss?

»Drum prüfe, wer sich ewig bindet« – dieser Spruch wurde noch bis vor einhundert Jahren vieltausendmal von den Großmüttern liebevoll in Farbe auf Handtücher gestickt. Der Ratschlag galt vor allem den jungen Mädchen – nicht den Burschen! –, wenn diese begannen, sich nach Liebes- oder Lebenspartnern umzusehen. Diese Worte sollten täglich mahnen: nur nicht zu früh auf einen Mann einlassen und schon gar nicht auf den falschen! Bekam eine Frau ein uneheliches Kind, wurde sie nicht selten von ihrer Familie verstoßen. Auch galt das Jawort bei einer Heirat als heilig. Eine spätere Scheidung war damals mit höchstmöglicher Scham besetzt. Scheidung galt als Totalversagen, als öffentlicher Familienskandal.

Nicht alles, was althergebracht ist, muss falsch sein. Ein gründliches Kennenlernen, das Wissen um die Marotten eines Partners können vor Enttäuschungen schützen. Um sich zu versichern, das Richtige zu tun, hat der Mensch irgendwann die Verlobungszeit eingeführt. Schon im Alten Testament im 2. Buch Mose ist von Verlöbnis die Rede, einem gegenseitigen Heiratsversprechen. Manche Vogelarten haben schon sehr viel früher dieses Test-Verhältnis entdeckt und praktizieren es bis heute.

Die Stockenten gehören zu jenen Vögeln, die viel von Verlobung halten. Es handelt sich um unsere größte und häufigste Entenart. Aber weshalb »Stock«-ente? Das kommt daher, dass diese Ente ihr Nest des Öfteren in einem »auf den Stock gesetzten« alten, dicken Weidenbaum in etwa zwei Meter Höhe einrichtet, da kann der Fuchs nur zuschauen, aber nicht zubeißen. Sie lassen sich an nahezu jedem Gewässer finden, nicht nur draußen in der Natur, sondern auch mitten in der Stadt. Die besondere Eignung der Stockenten für ein Leben in der Stadt resultiert aus drei Eigenschaften: Sie sind anspruchslos bei der Nistplatzwahl, anpassungsfähig und Allesfresser.

Auffällig und öffentlich gut wahrnehmbar setzen sich die Enten mit ihren spektakulären Verlobungen in Szene. Die damit verbundenen rituellen Handlungen nehmen die Herbst- und Wintermonate vollständig in Anspruch. Die Stockentenmänner, kurz Erpel genannt, legen im Herbst ihren prachtvollen Federschmuck mit dem grün schimmernden Kopfgefieder, dem weißen Halsring und der kastanienbraunen Brust an. Auch die witzigen Doppellöckchen oberhalb des Schwanzansatzes – es handelt sich um zwei aufwärts gebogene Steuerfedern – dienen als Blickfang. Entenmännchen scheuen weder Mühe noch Kosten, um sich prächtig einzukleiden. Doch diese Gefiederschau allein genügt nicht, um im Wettbewerb zu bestehen. Action muss her!

Die Erpel beginnen mit einer Gesellschaftsbalz unter Männern, eine Art Vorübung. Dabei schütteln und sträuben sie ihr Gefieder und machen seltsame Bewegungen und Verrenkungen auf dem Wasser. Diese Bewegungsmuster werden in der Verhaltensforschung umschrieben mit »Kurz-Hoch-Werden« und »Ab-Auf-Bewegung«. Ganz unvermittelt ertönt ein Balzruf, ein kurzer durchdringender Pfiff aus geschlossenem Schnabel kurz vor dessen Eintauchen, auch als »Grunzpfiff« bezeichnet. Hin und wieder hört man ein gedämpftes, nasal klingendes »rääb«, ansonsten geben sich die Erpel eher maulfaul. Stattdessen üben sie sich im ritualisierten Scheinputzen und machen durch Antippen mit ihrem Schnabel auf ihre Schmuckelemente im bunten Gefieder aufmerksam.

Entenweibchen befinden sich zahlenmäßig in der Minderheit, dieser Tatbestand verschärft den Wettbewerbsdruck unter den Männchen. Bei der Aufteilung kommt es des Öfteren zu heftigen Kämpfen der Erpel untereinander, manchmal sogar mit Beißattacken. Die Entenweibchen bleiben gelassen, sie sind die Begehrten. Gelegentlich äußern sie sich akustisch mit einem raumgreifenden, etwas quakenden »wak-wak-wak-wak-wak«. Das kann vieles bedeuten: Ist das langweilig! Oder: Strengt euch ein bisschen an! Über die wahre Bedeutung dieses Aufrufes herrscht absolute Unkenntnis.

Wenn Männchen und Weibchen behutsam aufeinander zuschwimmen, sind das erste Anzeichen von gegenseitigem Interesse. Die Weibchen wählen den Erpel aus, mit dem sie sich paaren wollen, und zeigen ihre Gunst mit Drohgebärden gegen andere Erpel. Einträchtig schwimmen sie nebeneinander oder hintereinander her. Die Ente ist meist vorn, der Erpel hinten, auf dem Wasser wie auch im Fluge. Damit treten Ente und Erpel in den Stand der Verlobung. Durch diese vorzeitige Paarbildung sichern sich die Männchen eines der knappen Weibchen. Es folgt ein sogenanntes Antrinken. Im Laufe der Verlobungszeit werden ihre Tätigkeiten immer genauer aufeinander abgestimmt. Was tut man nicht alles gleichzeitig: Man frühstückt zur gleichen Zeit, man putzt sich und man schläft gleichzeitig. Es ist die hohe Zeit der Synchronisation, des Zusammenwachsens und des miteinander Warmwerdens. Es passiert noch nicht wirklich etwas Ernsthaftes zwischen den Kandidaten. Hierfür gibt es einen guten Grund, denn wenn es im tiefen Winter zur Befruchtung zwischen Erpel und Ente käme, könnten die Eier im Schnee versinken. Kühlhauseier statt niedlicher Küken. Es gibt also nur Trockenübungen. Unter diesen Praktiken finden sich auch trockene Kopulationsübungen. Mit diesen trainingshaften Probebegattungen soll sich die Bindung zwischen den Verlobten weiter festigen. Doch es kann auch jederzeit zur Auflösung einer Verlobung und zu Umpaarungen kommen, wenn es dazu einen Anlass gibt. Und Anlässe lassen sich finden, wenn sie gefunden werden wollen: Streit um Banalitäten oder – gar nicht so selten bei einer Gesellschaftsbalz – ein Dritter im Bunde.

Die gesamte Verlobungsphase kann sich über mehrere Monate hinziehen. Kommt es zu Annäherungen durch andere Erpel,

fordert das Weibchen durch energische Kopfbewegungen seitwärts über die Schulter seinen Verlobten auf, den aufdringlichen Fremderpel zu vertreiben. Diese Aufforderung wird tatsächlich als »Hetzen« bezeichnet. Das Weibchen hetzt in aller Deutlichkeit ihren angehenden Gatten auf, unverzüglich tätig zu werden und den lästigen Nebenbuhler zu verjagen. Dieser Appell wirkt als Bekräftigung der Zusammengehörigkeit.

Im Frühjahr ist es schließlich an der Zeit. Spätestens im März fallen die Würfel endgültig: Wer mit wem? Früher nannte man die Stockente deshalb auch »Märzente«. Viele unserer Enten sind Standvögel, manche aber auch Zugvögel. Sie kommen mit dem »Entenzug« im Frühling aus dem Winterquartier in ihr Brutgebiet. Dabei folgt der Erpel seiner umschwärmten Ente. Der Bräutigam zieht somit zur Braut.

Die Begattungen unter Enten sind ein Akt mit Erklärungsbedarf. Diese können ganz friedlich und einvernehmlich ablaufen. In der Regel lädt die Ente den auserwählten Erpel dazu ein. Dafür sondern sich beide von der Gruppe ab. Als entscheidendes Liebes-Vorspiel wird das sogenannte Pumpen praktiziert. Die Köpfe beider Partner bewegen sich ruckartig einige Male nach unten. Wenn ihre Zeit gekommen ist, legt sich die paarungswillige Ente flach aufs Wasser und der Erpel lässt seinen Aufstieg folgen. Zum krönenden Abschluss dreht der Erpel eine Ehrenrunde um das Weibchen. Als obligatorisches Ritual folgen ein ausgiebiges Waschen und ein Zurechtzupfen des Gefieders. So der Normalfall.

Doch die Kopulation kann auch ganz anders ablaufen. Männliche Enten besitzen nämlich einen Penis, ein Ausnahmefall unter Vögeln. Dieses Organ ermöglicht Kopulationen auch gegen den Willen der Partnerin. Nach der wissenschaftlichen Systematik zählen neben den Enten auch die Gänse und die Schwäne zu den Entenvögeln. Auch sie gehören zu den seltenen Penis-Besitzern. Doch Gänse und Schwäne, so haben wir oben schon erfahren, führen eine monogame Ehe und sind als Familienväter ständig im Einsatz. Die Erpel sind hingegen alles andere als treu sorgende Familienväter. Und sie bekommen manchmal auch keine Partnerin im Verteilungskampf ab, denn sie sind in der Überzahl. Dramatisch wird die Szenerie, wenn bei chronischem Weibchenmangel mehrere Männchen es gleichzeitig auf ein und dasselbe Entenweibchen abgesehen haben. Die Jagd auf das bedauernswerte Geschöpf kann auf dem Wasser, an Land oder in der Luft stattfinden. Jäger nennen diese Form des Nachstellens ganz harmlos »Reihen«. Scheinbar gnadenlos wird das Opfer verfolgt, oft bis zur Erschöpfung. Dann stürzen sich die Erpel zu dritt oder gar zu viert auf das Objekt ihrer Begierde, und die Ente geht unweigerlich im Wasser unter. Dabei hat es auch schon Todesfälle durch Ertrinken gegeben, gegen die Übermacht der Erpelschar kann eine einzelne Ente nichts ausrichten. Dieser Vorgang erfüllt den Tatbestand einer Vergewaltigung. Wie das Sezieren von im April erlegten Erpeln offenbarte, sind die Hoden in dieser Zeit extrem groß ausgebildet, was auf eine hohe Hormonproduktion hindeutet. Derart erzwungene Begattungen sind bei Enten ausgesprochen häufig. Sie erfolgen vor allem in der fruchtbaren Phase in den Wochen der Eiablage.

Ein amerikanisch-britisches Forscherteam ist der Sache anatomisch auf den Grund gegangen und untersuchte die Erpel-

Genitalien eingehender. Der Penis der Erpel gleicht einem Korkenzieher, etwa zehn Zentimeter lang, bei amerikanischen Entenarten sogar bis zu 40 Zentimetern. Die erstaunliche Feststellung: Nicht nur der Penis des Erpels ist spiralförmig gewunden, auch die Vagina der Ente, Letztere allerdings in gegenläufige Richtung. Diese Konstruktion ermöglicht es der Ente, ein unerwünschtes Eindringen zu erschweren. Zusätzlich zu ihrem Vaginaleingang haben Weibchen bis zu acht Sackgassen entwickelt, in denen sich ungewollte Spermien verfangen können. Die Forschenden erklären diese Anatomie als evolutionäre Gegenstrategie der Weibchen, um den Folgen erzwungener Begattungen durch sogenannten »forced sex« zu umgehen.

Sobald das Nest mit Eiern gefüllt ist, folgt eine Überraschung: Der auserwählte Erpelgatte bekommt seine formlose Entlassungsurkunde. Das ist auch gut so, denn mit so einem bunten Vogel an ihrer Seite würde die am Boden brütende Ente nur auffallen und das Interesse von Füchsen und Waschbären wecken. Dennoch fallen viele Entenweibchen den Räubern zum Opfer. Eine hohe Raubtierdichte macht ihnen das Überleben schwer, und den Erpeln mangelt es dadurch an Partnerinnen.

Die werdenden Entenmütter übernehmen die alleinige Regie. Sie beginnen erst mit dem Brüten, wenn das Gelege mit zehn Eiern vollzählig ist. Das hat den praktischen Vorteil, dass alle Entenkinder am gleichen Tag Geburtstag haben. Schon wenige Stunden nach dem Schlupf, sobald der Flaum trocken ist, sind alle Entlein abmarschbereit Richtung Wasser. Sie können sofort ohne jede Anleitung nicht nur schwimmen, sondern auch von der Wasseroberfläche Insektenfutter einsammeln.

Gar nicht selten kommt es vor, dass die Entenmutter ihr Nest in einem Blumenkasten auf dem Balkon anlegt. Dann muss nach dem Schlupf gesprungen werden, wie Fallschirmspringer aus einem Flugzeug, nur eben ohne Fallschirm, auch wenn unten ein

Fußweg aus Beton lauert. Das noch weiche Knochengerüst der kleinen Küken übersteht den harten Aufprall unbeschadet.

Entenküken überleben ohne schützende Begleitung nicht lange. Ich habe beobachtet, wie eines im dichten Wasserpflanzengewirr hängen blieb und laut um Hilfe piepste. Im Nu kam eine Krähe angeflogen und schnappte das Küken, vielleicht als Futter für den eigenen Nachwuchs. Bei Gänsen und Schwänen sind die Küken mit zwei Aufpassern besser geschützt. Eine alleinerziehende Ente muss mit mehr Verlusten rechnen, deshalb legt sie zum Ausgleich auch doppelt so viele Eier. Nach acht Wochen sind die jungen Enten schon flügge, und kurz darauf verlassen sie ihre Mutter und fliegen in die Selbstständigkeit, ein ausgesprochen pflegeleichter Nachwuchs.

Bei einem derart eingespielten Ablauf sind die Entenmänner einfach überflüssig. Als Familienväter sind sie ein glatter Ausfall. Während die Entenmütter sich fürsorglich um den Nachwuchs kümmern und mit den Kleinen in die Unsichtbarkeit abtauchen, schwimmen die desertierten Väter ziellos auf dem Wasser herum. Ab Himmelfahrt sieht man dann oft nur noch farblich verblassende Männchen auf dem Ententeich schaukeln, die nicht so recht zu wissen scheinen, wozu sie eigentlich erschaffen wurden. Wenn schon für nichts zu gebrauchen, so wechseln sie in dieser Zeit ihr Gefieder, sie mausern den Sommer über. Das gebrauchte und verschlissene Prachtkleid wird abgeworfen, um Platz für die nachwachsenden Federn zu schaffen, für das Schlichtkleid. Im Juli und August ist ihr Gefieder nicht mehr von dem der Weibchen zu unterscheiden. Für Unkundige scheinen die Männchen verschollen zu sein. Man kann sie aber noch an der Schnabelfarbe identifizieren. Während der Erpelschnabel gelbgrün erscheint, tendiert ein Weibchenschnabel ins Orange. Erst im Herbst legt der Erpel wieder sein Prachtkleid an, dann geht das gruppendynamische Geschehen von vorn los.

Warum das ganze Halbjahrestheater um Verlobung und Prüfung des Partners, wenn der Stand der Ehe sehr viel rascher in die Brüche geht, als er geschmiedet wurde? Man könnte meinen, die Partnerwahl sei Gesellschaftsspiel und ein netter Zeitvertreib den Winter hindurch.

KRANICH – Paartanz

Wer möchte sich mitten in seiner geliebten Arbeit unterbrechen lassen? Ich schon, nämlich immer dann, wenn sie rufen, ihre trompetenartigen Laute vom Himmel über die Erde streuen und selbst bei geschlossenen Fenstern mein Ohr erreichen, die Kraniche. Dann ergreift mich Fernweh. Sie zu grüßen ist mir wichtig, ich trete ins Offene, denn sie geben mir Leichtigkeit mit auf den Weg.

Als ich vor Jahrzehnten begann, mich für Kraniche zu interessieren, waren sie so selten, dass nur im Flüsterton über ihre Vorkommen gesprochen wurde. Brutreviere wurden strikt geheim gehalten. Die Schutzbemühungen durch ehrenamtliche Kranichbetreuer haben sich gelohnt. Die Anzahl der Brutpaare hat sich auf über 11 000 in Deutschland mehr als verzehnfacht. Zu den Zugzeiten im Frühjahr und im Herbst können wir sie in großen Verbänden durch Deutschland ziehend erleben. Bei Simultanzählungen an den Rastplätzen, vor allem in den Nationalparks Nordostdeutschlands wurden schon bis zu 150 000 Exemplare erfasst, die meisten stammen aus Skandinavien, dem Baltikum und dem russischen Norden.

Noch vor zwei Jahrzehnten waren ihre Flugpläne eindeutig: Im Oktober segelten sie in geschlossener V-Formation auf einem breiten Zugkorridor in den spanischen Süden, im März kamen sie wieder zurück. Das war einmal. Die zunehmenden Wetterkapriolen irritieren auch die Kraniche immer mehr. Zunächst wurde die Flugroute verkürzt – bis Frankreich. Inzwischen mutieren sie zu Pendlern, allerdings ohne Pendlerpauschale. Ist der Januar mild, treten sie den Rückflug an, kommt es danach zu einem Kälteeinbruch, setzt die Kehrtwende ein und es geht wieder zurück Richtung Südwesten. Dieses Muster kann sich mehrfach wiederholen, es spielt sich über meinem Kopf ab, und ich komme an manchen Tagen nur noch zeitweilig zum Arbeiten. Ich muss schauen, die Richtung bestimmen, die Anzahl schätzen, nicht selten sind es Hunderte. Manchmal löst sich die V-Formation auf, und es gibt ein großes Durcheinander, nämlich dann, wenn die aufsteigende Warmluft es den Kranichen erlaubt, Höhe zu gewinnen, um die Reise segelnd und energiesparend fortsetzen zu können.

Kraniche gehören für mich zu den faszinierendsten Vögeln, ihre Schönheit, ihre anmutigen Tänze, ihre Verhaltensweisen bringen mich zum Staunen. Ich habe das große Glück, Kraniche nicht nur als Durchreisende, sondern auch als meine lieben Nachbarn erleben zu können. Ein Pärchen hat sein Revier in Hörweite auf einer Moorwiese aufgeschlagen. Seit einigen Jahren hat es seine Flugreise in den Süden ganz und gar aufgegeben, nicht etwa aus einer Flugscham heraus, denn sie fliegen schon immer klimaneutral, sondern weil im Zuge der Klimaerwärmung die strengen, schneereichen Winter ausfallen und sie hier immer etwas zu fressen finden können. Wählerisch sind sie nicht, das ist ihr Überlebensvorteil. Es können Mais- und Getreidekörner von den Feldern sein, auch Eicheln, Schnecken, Würmer, Insekten, Fische und selbst eine Maus verschmäht ein Kranich nicht.

Kraniche sind majestätische Vögel. Man erkennt sie an ihrem langen Hals und ihren langen Beinen auf den ersten Blick. Auf dem Kopf tragen sie einen leuchtend roten, federlosen Fleck, der kurze Schwanz wird von Oberarm-Schmuckfedern überragt, die als »Schleppe« erscheinen. Mit einer Flügelspannweite von 2,40 Metern gehören sie zu den größten Vögeln überhaupt.

Seit Jahrtausenden haben Kraniche die Menschen fasziniert und deren Fantasie in Mythen, Kunst und Dichtung beflügelt. Die alten Ägypter verehrten sie als »Sonnenvögel« und opferten sie den Göttern, für die Griechen waren sie die Vögel der Wachsamkeit. Weil mit ihnen auch Sonne und Wärme zurückkehren, werden sie in vielen Ländern als »Vögel des Glücks« angesehen. In China gelten Kraniche bis heute als Symbol für langes Leben und Weisheit.

Klug und weise erscheinen die Kraniche auch in Lebensfragen. Bis zu der endgültigen Entscheidung, eine Familie zu gründen, vergehen bei ihnen bis zu fünf Lebensjahre. Sie lassen sich viel Zeit bei der Suche. Kraniche kommunizieren ausgiebig miteinander. Das Weibchen äußert sich aufgrund der etwas kürzeren Luftröhre mit höheren Tönen. Der Unterschied beträgt eine kleine, manchmal eine große Terz. Mithilfe der Frequenzanalyse können die Rufe zur individuellen Bestimmung und zur Wiedererkennung einzelner Kraniche verwendet werden.

Im März beziehen die schon verpaarten Vögel ihr Revier. Meist liegt es in sumpfigen Wäldern, manchmal an Gewässern oder mitten in unzugänglichen Mooren. Durch besenderte Vögel wurde eine Reviergröße von rund einem Quadratkilometer ermittelt. Die Inbesitznahme zeigen sie lautstark an. Es sind rhythmische Duett-Rufe, die kilometerweit zu hören sind. Sowohl Männchen als auch Weibchen können die Abfolge der Duette einleiten. Kopf und Schnabel sind dabei nach oben gerichtet und die Schwingen angehoben. Die Partner stehen dicht beieinander, so als wollten sie ihre Zusammengehörigkeit demonstrieren. Nähern sich andere Kraniche, dann werden die Eindringlinge unmissverständlich zum Rückzug aufgefordert. Beide Partner, Männchen wie Weibchen, nehmen dann die Rolle der Verteidiger ein. Wird der Aufforderung, den Platz zu räumen, nicht Folge geleistet, greift das revierbesitzende Männchen das gegnerische Männchen an, sein Weibchen knöpft sich das fremde Weibchen vor. Niemals aber greift ein Männchen ein Weibchen an!

Die Gewinner solcher kämpferischen Auseinandersetzungen sind meist die Revierinhaber, vorausgesetzt, sie sind rundherum fit und kampfesmutig. Mit triumphierenden, fanfarenähnlichen Rufen feiert das Siegerpaar die Vertreibung der Eindringlinge, und der Frieden ist somit wiederhergestellt, frei nach dem Motto: Trautes Heim – Glück allein!

Gerne im Morgengrauen, aber manchmal auch tagsüber beginnen die Kraniche scheinbar spontan zu tanzen. Wie keine andere Vogelart lieben die Kraniche den gemeinsamen Tanz. Es ist ein ritualisierter Paartanz. Ihre Tanzstunden finden auf offenen Flächen, gern auf Wiesen statt. Störungen sind höchst unerwünscht, sie führen zum abrupten Abbruch. Wie bei Eistänzern gilt es, Schwerelosigkeit vorzutäuschen. Hüpfen, Springen und Flügelschlagen wechseln ab. Die Bewegungsabläufe werden nach und nach aufeinander abgestimmt, synchronisiert, damit man sich beim Leben zu zweit nicht auf die Füße tritt. Ist die Zeit gekommen, nähern sich die Tänzer dem Höhepunkt ihrer Zweierbeziehung, der Kopulation. Das Weibchen fordert durch ein Abwinkeln der Flügel, begleitet von einem Gurren, das Männchen zum Aufsprung und zur Begattung auf. Das scheint in unseren Augen eine wacklige Angelegenheit zu sein, doch der Schein trügt. Gekonnt ist gekonnt, der Balance-Akt ist von Erfolg gekrönt. Nach jeder Kopulation ertönen die typischen Kranich-Fanfaren im Duett. Benachbarten Kranichen bleiben diese morgendlichen Liebes-Aktivitäten nicht verborgen. Sie fühlen sich dadurch animiert, mit eigenen Rufen einzustimmen.

Alle Lebensfragen des Kranichpaares scheinen im gegenseitigen, partnerschaftlichen Einvernehmen getroffen zu werden. Keiner der beiden Partner ist dominant. Im Kranich-Alltag herrscht eine faire Lastenteilung: Beide Partner bauen, und beide brüten. Vom Weibchen werden im Abstand von zwei Tagen zwei Eier in ein Bodennest aus Zweigen und Halmen gelegt, das etwa 20 Zentimeter über dem umgebenden Wasserspiegel herausragt. Schon ab dem ersten Ei setzt die Brut ein. Dann wird es still. Man könnte glauben, die ruffreudigen Tänzer seien ausgewandert. Zur Tarnung färben sie ihr Gefieder mithilfe von Moorerde von Hellgrau zu Brauntönen. Niemand soll von ihrer Anwesenheit erfahren. Durch Nestkameras wurde der wichtigste Nesträuber enttarnt: Es ist der Fuchs, er hat sich durch die Tollwutimpfung stark vermehrt. Aber auch Waschbären, Marderhunde und Menschen können den Kranichen das Leben schwer machen. Die einen rauben den Vögeln die Eier, die anderen die nötige Ruhe. Gegenüber Menschen haben Kraniche eine Fluchtdistanz von etwa 500 Metern. Das größte Problem allerdings ist der menschengemachte Klimawandel, der Wassernotstand, die zunehmende Dürre. Trocknen die Brutgebiete aus, fehlt den Kranichen der Schutz des umgebenden Wassers, und der Fuchs hat freien Zutritt. Die Nester werden durch Eierdiebe geplündert, oder die Kranichpaare unterlassen das Brüten ganz und gar.

Nähert sich der Schlupftermin, senden die Küken aus dem Ei heraus akustische Signale nach außen. Wie die Kranichforscher Dr. Beate Blahy und Dr. Eberhard Henne zu berichten wissen, zeigen die Eltern von diesem Zeitpunkt an zunehmend Nervosität, die Brutablösungen häufen sich, und jeder möchte zum Schlupfzeitpunkt präsent sein und Körperkontakt mit der Nachkommenschaft aufnehmen – anrührende Szenen einer Vogelehe. Eine Eigenheit bei Kranichen ist die Geburtshilfe. Sobald die Küken zum Schlüpfen ansetzen, tritt ein Elternvogel mithilfe der Krallen gegen die Eischale und erleichtert so den Geburtsvorgang.

Schon am Folgetag verlassen die Jungen zum ersten Mal das Nest, beide Eltern reichen den Kleinen in den ersten Wochen beim Wald- und Wiesenspaziergang mit dem Schnabel eiweißreiche Häppchen. Immer füreinander da sein – ein anscheinend ideales Modell für eine Beziehung. Genau das zeichnet das Leben der Kraniche aus, es ist ihr ureigenes Partnerschaftsprinzip. Zu Herbstbeginn schließen sich die einzelnen Kranichfamilien den Nichtbrütergruppen an und suchen wieder die Gemeinschaft. Beim Fliegen nehmen die Eltern ihren Nachwuchs meist in ihre Mitte. Ich habe beobachten können, wie sich eine Familie einem großen Kranichzug anschließen wollte, ein Jungvogel aber war zu schwach, das Tempo zu halten. Nachdem auch hörbares Anfeuern nicht die nötigen Kräfte freisetzte, entschloss sich die Familie, zwischenzulanden und den Schwarm ziehen zu lassen. Sie gönnten sich noch einige Tage Ruhe und schlossen sich einer späteren Zugformation an.

Den größten Teil des Jahres verbringen Kraniche in Gemeinschaften ohne streng hierarchische Ordnung. An Sammelplätzen und Raststationen kommt es immer wieder zu spontanen Tanzszenen, sei es Einzel-, Paar- oder Gruppentanz. An den Schlafplätzen finden sich in der Dämmerung Hunderte bis Tausende Kraniche im Flachwasser ein und verbringen stehend die Nacht, meist auf zwei Beinen, manchmal auch auf einem Bein. Pünktlich zu Sonnenaufgang starten sie synchron in Richtung Futterplätze, ausgelöst durch Lautsignale. Es ist ein erhebendes Schauspiel für jeden Beobachter.

Die Flugleistungen der Kraniche nötigen höchsten Respekt ab. Wenn es sein muss und kein Rastplatz zur Verfügung steht, schaffen sie es, bis zu 2000 Kilometer nonstop mit einer Durchschnittsgeschwindigkeit von 50 bis 60 km/h zu fliegen, tagsüber und nachts. Noch bevor man sie sieht, hört man ihre trompetenartigen Laute, es sind die Kontaktrufe zwischen den Familienmitgliedern. Die weittragenden Rufe werden durch eine gut einen Meter lange Luftröhre, einen großen Resonanzraum, ermöglicht.

Während des Vogelzuges segeln sie in definierten Abständen zueinander in der typischen »Eins«, der Keilformation. Die anstrengende Führungsrolle wird abwechselnd eingenommen, die Nachfolgenden fliegen im Sog der Vorausfliegenden und damit im Energiesparmodus. Hat ein einzelner Vogel bei Nebel oder in der Dunkelheit die Gruppe oder seinen Partner aus den Augen verloren, werden laute Kontaktrufe ausgesendet, bis man sich wiedergefunden hat. Und was das Schönste ist: Tanz und Gesang der Kraniche hören nicht auf, selbst wenn die Arbeit getan ist und die Jungen schon groß sind. Funkstille, wie bei vielen anderen Vogelpaaren nach dem Ausfliegen der Jungen, kommt bei Kranichen nicht vor. Es wird weiter musiziert, und in den kalten Jahreszeiten tanzen sich die geselligen Vögel an den Rastplätzen warm. Auch die Duett-Rufe werden immer wieder inszeniert als Zeichen des Zusammenhalts. Gemeinsame Rituale stärken die Bindungen. Alt und Jung bleiben erstaunlich lange beieinander. Die Kraniche gehören zu den wenigen Vogelarten, die als komplette Familie auf Reisen gehen und oft als solche auch wieder heimkehren.

Fürwahr, eine anrührend schöne Geschichte, und eine wahre dazu. Doch für eine harmonische und dauerhafte Liebesbeziehung gibt es auch für Kraniche keine Gewähr. Normalerweise lebt der Kranich monogam, jedoch zeigen Forschungsergebnisse, dass ein Partnerwechsel häufiger vorkommt als bisher angenommen. Es gibt eben auch unter Kranichen Konkurrenten und Individualisten. Es sind besonders starke Vögel, die diese Neigungen aufweisen, wie an beringten Kranichen über Jahre beobachtet wurde. Doch auch bei einem noch so starken Kandidaten lässt irgendwann die Fitness nach. Er kann seinen Platz nicht mehr gegenüber der erstarkenden Konkurrenz verteidigen und wird selbst zum Verdrängungsopfer. Ein potenter Neuling kann das erstklassige Revier samt Weibchen übernehmen. Wer zu schwächeln beginnt, wird rigoros vertrieben und muss sich mit einem schlechteren Revier begnügen. Die Bescheidenheit setzt sich dann auch in der Partnersuche fort, sofern dafür überhaupt noch die Kräfte reichen.

STORCH – Heimattreu

»Nichts wie weg hier« – das mögen sich die Jungstörche anfeuernd zurufen, wenn sie im zarten Alter von drei Monaten, kaum das Fliegen erlernt, die Flucht ergreifen. Es ist ein Abschied von ihrem »Geburtsdach« auf Lebenszeit. Jungstörche hauen ab, noch bevor ihre Eltern reisefertig sind. Warum nur? Sie haben doch alles, was sie brauchen, und residieren in einem Nest, das seinesgleichen in der Vogelwelt sucht. Kein anderer europäischer Vogel kann sich eines solchen opulenten Zuhauses erfreuen, ein Haus auf einem Haus mit tollem Panorama, tonnenschwer und meterhoch, kurzum: eine Vogelvilla. Doch das alles hält sie nicht länger am Platz, die Jungstörche treibt es fort, sie schließen sich zu harmlosen Jugendbanden zusammen und fliegen selbstständig Richtung Süden. Ihren Eltern schenken sie dadurch zehn Tage Erholungszeit, die sie nach all den Strapazen auch nötig haben.

Die Altstörche hingegen trennen sich als stolze Besitzer nur sehr ungern von ihrem lieb gewordenen Bauwerk, dem Horst, dessen Bau nie abgeschlossen sein wird und den sie als heimattreue Vögel jahrzehntelang nutzen können. Weißstörche können fast 40 Jahre alt werden, ihre Generationslänge, das Durchschnittsalter aller Eltern, beträgt im Schnitt immerhin acht Jahre.

Es ist schon ein besonderer Komfort, wenn man nicht, wie die meisten anderen Vögel, jedes Jahr von vorn anfangen und neu bauen muss. So ist dem Weißstorch der eigene Horst sein Ein und Alles! Sein Haus mehr zu lieben als seinen Partner – dieser Sachverhalt dürfte uns Menschen nicht ganz unbekannt sein. Wer an seiner Immobilie hängt und sich kümmert, mit ihr in einer engen Beziehung lebt, weiß, wo er hingehört und ist vor allem ortstreu. Damit weiß der Lebenspartner jederzeit, wo sein Gefährte zu finden ist. Die Störche leben seit Urzeiten nach diesem Muster, erfolgreich, wie wir sehen werden.

Im Unterschied zu den meisten Menschen haben Störche grundsätzlich zwei Wohnsitze, eine Sommer- und eine Winteradresse. Am Hauptwohnsitz befindet sich der massive Horst, für den Nebenwohnsitz irgendwo im Süden genügt ein Baum. Zwischen diesen Orten wird im Jahresverlauf gependelt. In der zweiten Augusthälfte wird es für den Storch Zeit, seine lieb gewordene Residenz zu verlassen, dann ist der Zugtrieb stärker als die Sesshaftigkeit. Nach der Storchenfamilie löst sich auch die Storchenehe auf. Beziehungslos fliegt jeder Storch mit seinem eigenen Ticket in wärmere Gefilde. Das Reisegepäck beschränkt sich bestenfalls auf ein paar Farbringe an den Beinen und – wenn die Storchenforscher noch mehr aus dem Leben der Vögel erfahren wollen – einen Minisender auf dem Rücken. Zum Abflug sammeln sich die Vögel an bekannten Plätzen. Von Etappe zu Etappe wachsen die Trupps zu immer größeren Fluggemeinschaften heran. Doch wo geht es lang?

Die im östlichen Mitteleuropa beheimateten Störche zieht es auf die Ostroute, über den Balkan, den Bosporus, den Jordan und den Nil entlang bis nach Südafrika, bis zu 10 000 Kilometer. Die weiter im Westen angesiedelten Störche bevorzugen die Kurzstrecke über 2000 Kilometer nach Spanien mit dem Blick auf Marokko. Diese Route ist ungefährlicher und vor allem kalorienreicher. Wie das Max-Planck-Institut Radolfzell ermittelte, ziehen inzwischen zwei Drittel der deutschen Störche nicht mehr nach Afrika, sie bleiben über Winter in Europas sonnigem Süden. Was ist der Grund? Es ist der Wohlstandsmüll auf den Abfallhalden der westlichen Welt, der die Population der Westzieher in jüngster Zeit geradezu explodieren lässt. Ungeduldig warten die Müllverwerter auf jede neue Lkw-Lieferung und stürzen sich auf die Nahrungsreste unserer Überflussgesellschaft. Während um die Jahrtausendwende noch 90 Prozent der Störche im Osten Deutschlands heimisch waren, wurden 20 Jahre später zwei Drittel der deutschen Störche im Westen des Landes gezählt. Eine rasante Verdrehung gewohnter Verhältnisse. Die bedeutendsten Storchendörfer mit jeweils Dutzenden Storchenfamilien lagen einst an der Elbe, eine touristische Attraktion für Besucher aus dem Westen, wo die Störche fast ausgestorben waren. Jetzt findet man in Nordbayern und Baden-Württemberg Orte mit über 50 Storchenhorsten, mancherorts verbunden mit einem Warnschild am Ortseingang: »Achtung! Störche im Tiefflug«. Wurden die Störche anfangs freudig begrüßt, werden sie allmählich zur lästigen Plage. Sie bauen ihre Horste ohne Genehmigung auf Solaranlagen oder Schornsteinen von Bäckereien, sodass die Feuerwehr anrücken und die ungebetenen Mieter vertreiben muss. Aber auch unter den Störchen gibt es zunehmend Stress. Mit wachsender Populationsdichte nimmt die Aggressivität zu, und sie werfen gegenseitig ihre Eier aus den Nestern. Die Grenzen des Wachstums sind erreicht. Nun kommt es, wie es kommen muss: Weststörche flüchten in den Osten. Da bleibt es nicht aus, dass zunehmend Ost-West-Storchenehen geschlossen werden. Über deren Harmonie und Fruchtbarkeit ist erst wenig bekannt. Fest steht aber: Jeder Partner hält an seiner Zugtradition fest. Der Weststorch fliegt im Spätsommer gen Westen, der Oststorch gen Osten. Ob Ost- oder Westroute – getrennte Wege sind kein Grund für ein Ehe-Drama, ab September ist Ehe-Urlaub, und ein Storch wäre kein Storch, wenn er seine Freiheit nicht schätzen würde. Im nächsten Jahr könnte man sich ja wiederbegegnen – am lieb gewordenen Horst.

Zu Beginn des neuen Jahres beginnt die Rückreise, ebenfalls in Gemeinschaften. Segeln, Landen, wieder Segeln, Tag für Tag. Da kann es schon mal vorkommen, dass sich zwei Störche sympathisch finden und sich näherkommen, ja, sehr nahekommen. So können innige Reisebekanntschaften während einer Zwischenlandung sogar zu Kopulationen führen. Das Storchenweibchen wird geschwängert. Der keimende Nachwuchs wird innerhalb eines Tages von einer Kalkschale umhüllt. Dann muss das Ei den Körper der Vogelmutter verlassen, nicht zuletzt aus Gewichtsgründen zum Erhalt der Flugfähigkeit. Doch Eiablage ohne Nest – wie soll das gehen? Schon manches Mal wurde in der Not das Ei auf einer Wiese abgelegt und von einem staunenden Bauern aufgefunden. Bisweilen schafft es aber das Storchenweibchen bis zum heimischen Horst und kann gleich nach der Ankunft ein vorgefertigtes Ei legen. Ob sich der wartende Horstbesitzer darüber wundert, ist nicht bekannt. Im Normalfall dauert es mindestens eine Woche zwischen Ankunft und der Original-Eiablage.

Während Jungstörche auf dem Rückzug gern umhervagabundieren, um Land und Leute kennenzulernen, legen die Altstörche Wert auf Tempo. Die Zeit drängt, der Frühling wartet nicht. Ende März, neuerdings schon Anfang Februar, kommen die ersten schwarz-weißen Frühlingsboten mit dem Südwind im Rücken herangesegelt. Oft ist der Storchenmann als Erster da, manchmal ist aber auch die Störchin die Schnellere. In seiner Heimat kennt der Storch die Menschen ebenso wie die besten Futtergründe, die nassen Wiesen und Auen. »Der Storch ist wieder da«, rufen die Bewohnerinnen meines Ortes einander zu.

Das laute Schnabelklappern entgeht niemandem. Damit erklärt der Klapperstorch den Horst auf dem Dach für besetzt. Es dauert nicht lange, und es beginnt die Instandsetzung der Immobilie. Wenn dann die Partnerin eintrifft, sollte die Wohnung bezugsfertig sein. Hunderte von Hölzchen und Stöckchen werden herbeigetragen und montiert, Grasbatzen mit Erde dienen als Kitt. Letztere werden am liebsten von der nahen Pferdekoppel in den frühesten Morgenstunden eingesammelt, dort liegen sie abholbereit herum. Die Reparaturarbeiten können sich hinziehen, ein nützlicher Zeitvertreib, wenn die Partnerin noch irgendwo unterwegs ist.

Unterdessen kann eine fremde Störchin auftauchen und Einlass begehren. Doch der Horstbesitzer weiß, was sich gehört, und vertreibt den Neuankömmling mit unfreundlichen Gesten. Erst wenn der Partner vom Vorjahr herbeigesegelt kommt, stehen alle Tore offen. Doch manchmal reißt der Geduldsfaden, und ein junges, suchendes Weibchen wird nach einigen Tagen Bedenkzeit vom Hausherren akzeptiert und nimmt den Platz der fehlenden Partnerin ein. Man arrangiert sich. Das Begrüßungsklappern im Duett signalisiert Einigkeit, die Paarbildung ist vollzogen. In der Folgezeit werden Eier, die Früchte der neuen Storchenliebe, ins

Nest gelegt. Das Pärchen scheint zufrieden und glücklich. Doch dann passiert es: Die Partnerin des Vorjahres segelt heran. Ihr Weg aus dem Süden Afrikas war beschwerlich. Schon am Flugbild wird sie auf hundert Meter Entfernung wiedererkannt. Der Dreierkonflikt ist nicht mehr zu vermeiden. Der Alteingesessene begreift die Lage und ist hin- und hergerissen. Erst verteidigt er seine Neue. Doch wenn die Ehemalige sich als stark und ausdauernd erweist und auf ihren alten Rechten beharrt, ändert der Alte seine Haltung. Die Neue wird gemeinsam vertrieben und das Nest gereinigt. Das geht nicht immer reibungslos vonstatten, denn der Altstorch hängt noch an den Eiern, in denen ja auch seine Erbfaktoren stecken. Manchmal werden die Eier aus der vorangegangenen Beziehung akzeptiert und weiter bebrütet. Meist aber werden sie über Bord geworfen. Die alte Liebe hatte zwar etwas Patina angesetzt, doch das Paar ist geübt und eingespielt. Synchrones Klappern hilft über alles Gewesene hinweg. Zügig nimmt der Storch auf dem Rücken der Störchin Platz. So feiern sie das geglückte Wiedersehen auf ihre Art.

Beim Brüten wechseln sich die Partner ab, ebenso beim Heranschaffen von Nahrung aus den Flussauen: Regenwürmer, Frösche, Fische, Mäuse, Eidechsen. Doch die sich häufenden Dürresommer lassen die Landschaften großräumig austrocknen. Futter wird knapp. In der größten Not kann bei Weißstörchen der eigene Nachwuchs, meist der Kümmerling, geopfert werden, Infantizid genannt, um die Überlebenschancen der Übrigen zu verbessern. Die Zahl der flüggen Jungstörche pro Horst hat sich in den letzten heißen Jahren entlang der Elbe von drei bis vier auf ein bis zwei verringert. Diese Quote reicht auf Dauer nicht aus, um den Bestand zu halten, denn 70 Prozent der Jungstörche bleiben schon im ersten Lebensjahr auf der Strecke. Britische Wissenschaftler sagen voraus, dass der Weißstorch durch die Klimaerwärmung in Deutschland aussterben könnte, da seine Nahrungsgründe austrocknen werden. Wir wissen aber auch: Das Klima sind wir. Wir Menschen beeinflussen es, heizen es auf, nicht die Störche. Und wir sind es, die daran etwas ändern können – wenn wir es nur entschieden wollen.

Zurück zum Familienleben der Störche: Die Zuneigung zwischen beiden Partnern ist nicht immer von gleicher Intensität. Bei einem starken Sympathiegefälle engagiert sich der weniger geliebte Partner durch hingebungsvolles, zärtliches Kopfkraulen, um die Beziehung aufrechtzuerhalten. Das gelingt bei vielen Storchenpaaren meist für drei bis fünf Jahre. Dann ist die Zeit reif für einen Partnerwechsel. Störche führen keineswegs eine dauerhafte Ehe, wie viele Menschen glauben. Die Adebars sind mehr mit ihrem Horst verheiratet als mit dem Partner.

Wohl bei keiner anderen wild lebenden Vogelart lässt sich das Familienleben so unmittelbar verfolgen wie bei den Störchen. Die Fürsorge für den Nachwuchs ist beispielhaft. In den ersten Wochen ist immer einer der Altvögel auf dem Nest und spendet je nach Wetterlage Wärme oder Schatten. Vor allem an heißen Tagen wird Trinkwasser geliefert, das wie aus einem Wasserhahn vom Schnabel des Altvogels in die Schnäbel der Jungen fließt. Wenn der gröbste Durst gestillt ist, gibt es auch noch eine Dusche mit dem Restwasser. Der Storchenalltag ist öffentlich, selbst die Begattungsakte. Die Partner paaren sich mehrmals in der Stunde, vor allem am Tage der Ankunft. Kein Wunder, dass die Störche für unsere Vorfahren als Symbol der Fruchtbarkeit galten. Dass Störche die Menschenkinder brächten, war für aufklärungsunwillige Eltern lange Zeit eine bequeme Ausrede. Auch unsere Mutter hat sich noch dieser Erklärungsmethode bedient, als eine Nachbarin ein Kind gebar. Dabei konnte sie ein kleines Lächeln nicht ganz unterdrücken. Dieser Mythos findet sich auch in Hans Christian Andersens Märchen »Die Störche« wieder. Der Erzählung nach holen die Störche die Babys aus den nassen Sümpfen und überbringen sie in Körben den Müttern – oder lassen sie gar durch den Schornstein ins Haus fallen. Junge Mädchen wurden früher gewarnt, sich nicht vom Storch in die Wade beißen zu lassen, sie würden davon ein Baby bekommen. Mit der Fruchtbarkeit hat denn auch der uralte Name »Storch« etwas zu tun, denn er leitet sich vom Begriff »Stock« ab. Und dieses Wort »Stock« stand im Mittelalter für »männliches Glied«.

EULE – Standhaft

An den Eulen scheiden sich die Geister: Für die einen sind sie Todesvögel und Verbündete des Teufels, für die anderen bewundernswerte Wesen. Erstere Ansicht entspringt dem jahrhundertelangen Aberglauben, letztere Haltung entspricht der Wissenschaft. Erfreulich: Der Trend geht klar von der Eulophobie zur Eulophilie. Die Liebe zu den Eulen erlebt einen steilen Aufstieg. Uns faszinieren ihr fast lautloser Flug, ihr heimliches Leben, ihre Jagdmethoden in tief dunkler Nacht, ihr Seh- und Hörvermögen. Sie können sogar das Piepsen einer Maus unter einer dünnen Schneedecke genauestens orten dank ihrer versetzten Ohren: Ihr rechtes Ohr ist höher angeordnet als das linke Ohr. Durch diese Asymmetrie gelingt ein präzises räumliches Vermessen. Nicht zuletzt ist es ihr originelles Aussehen, das Sympathien weckt.

Unsere acht heimischen Eulenarten sind sich allerdings untereinander alles andere als sympathisch, sie sind sich vielmehr spinnefeind und haben sich »zum Fressen« gern. Unsere größte Eule, der Uhu, hat ein Körpergewicht von bis zu drei Kilogramm, unsere kleinste Eule, der Sperlingskauz, wiegt höchstens 80 Gramm. Dazwischen reihen sich in abnehmender Größe der Waldkauz, die Schleiereule, die Sumpfohreule, die Waldohreule, der Raufußkauz und schließlich der Steinkauz vor dem Sperlingskauz ein. Die Großen jagen und verspeisen die Kleinen, oder sie vertreiben sie zumindest aus ihrem Revier. Die Eulenfamilie erscheint als zerstrittene Verwandtschaft.

Wie es um ihr Privatleben bestellt ist, war lange ein gut gehütetes Geheimnis. Als ich vor vielen Jahren mit den Recherchen zum Treueverhalten der Vögel begann, erklärte mir ein ausgewiesener Eulenexperte: »Wer weiß schon, was sie in ihrem Nachtleben so alles treiben?« Durch neuere wissenschaftliche Forschungen wissen wir inzwischen viel, wenn auch noch längst nicht alles. Eulenvögel gelten nach aktuellem Kenntnisstand als Musterschüler in Sachen ehelicher Treue. Die Vaterschaftsanalysen liefern einen klaren Beleg dafür. Doch wie überall gibt es auch unter Eulen Ausreißer, die von dieser Regel abweichen, dazu später mehr.

Die heimischen Eulen sind zumeist keine Zugvögel. Sie bleiben das ganze Jahr über ihrem Wohnort treu. Wer nicht verreist und nichts anderes sieht, bleibt bei dem, was er hat. In ihren abgegrenzten Revieren leben sie ganz und gar für sich. Seit jeher nennt man einen Menschen, der sich auffallend absondert, im Sprachgebrauch einen »komischen Kauz«. Der Kontakt zur Außenwelt, zur eventuellen Nachbarschaft begrenzt sich auf gelegentliche Signale, die zur Einhaltung einer Mindestdistanz auffordern, bei Mensch und Vogel gleichermaßen.

Beim Steinkauz, einer nur drosselgroßen, kurzschwänzigen kompakten Eule mit breitem Kopf und großen, gelben Augen, ist die Sache glasklar geregelt. Die beiden gleich aussehenden Partner verbringen ihr gesamtes Leben in einer dauerhaften Zweierbeziehung ohne nennenswerte Außenkontakte. Im Gegensatz zu den meisten höhlenbrütenden Singvögeln, die Wert auf Einzelzimmer legen, ziehen etablierte Kauzpaare schon ab Dezember zusammen. Es scheint ihnen zu gefallen, zu zweit in ihrer Höhle

zu übertagen, dem ein Übernachten entspricht. Manchmal können wir sie auch tagsüber reglos auf ihren Sitzwarten entdecken. Mann und Weib scheinen sich voll zu vertrauen, es gibt keinerlei Partnerbewachung. Eifersüchtige Szenen? Junge Käuze von fremden Vätern? Absolute Fehlanzeige. Damit steht dem Steinkauz ein Treuebonus zu. Nicht nur dem Partner, auch dem Brutplatz wird Steinkauz-Treue geschworen. Das Weibchen lebt ganzjährig im Revier des Männchens. Dieses ist für die Verteidigung zuständig. Es patrouilliert die Grenzen mit kraftvollen »uuuh«-Rufen und lässt nicht einmal einen Verwandtenbesuch zu.

Am liebsten beziehen die Vögel ihr Quartier auf beweideten Obstwiesen in den Höhlen alter, knorriger und hochstämmiger Apfelbäume, auch spezielle Nistkästen werden angenommen. Da es diese bunt gemischten, halb offenen und behutsam genutzten Biotope nur noch selten gibt, hat sich der Steinkauz vielerorts rargemacht. Kaum jemand kennt diesen Vogel, und noch weniger Menschen haben ihn je gesehen. Lediglich in einigen Landstrichen in Westfalen kann man ihn häufiger antreffen. Nur wenn wir ihm seine geliebten Lebensräume zurückgeben, werden wir ihm wieder näher kommen. An vielen Orten werden deshalb alte Obstwiesen gepflegt oder neue angelegt. Auch Patenschaften werden von den Umweltverbänden angeboten, so kann jeder auf seine Art dem kleinen Kauz wieder auf die Schwingen helfen.

Ganz anders im antiken Athen. Damals spielte der Steinkauz eine herausragende Rolle, auch im öffentlichen Leben. Mit seinem starren Blick wurde er als Vogel der Weisheit verehrt und war der Begleiter der Göttin Athene. In der Stadt gab es viele Eulen-Statuen zu Ehren der Göttin. Selbst auf den damaligen Drachmen-Münzen war diese Eule mit einem Olivenzweig abgebildet, heute findet sie sich auf der Rückseite der griechischen 1-Euro-Münze wieder. Vor 2500 Jahren war diese Eule allgegenwärtig. Daher stammt der Satz »Eulen nach Athen tragen«, der heute als Ausdruck für etwas gänzlich Überflüssiges gilt.

In der Bibel wird der Steinkauz mehrfach erwähnt und bis in unsere Tage existiert er im gesamten Mittelmeerraum. Er brütet nicht nur in Baum-, sondern auch in Steinhöhlen und Gemäuern, daher sein deutscher Name Steinkauz. Das Wort »Kauz« selbst wird auf sein kurzes, aber recht lautes und variantenreiches Schreien zurückgeführt. Die Lautäußerungen spielen eine große Rolle bei der Partnersuche. Reagiert ein Weibchen auf die Rufe eines Männchens und landet in dessen Revier, beginnen beide Tiere mit leiseren Tönen zu kommunizieren. Von Lock- und Erregungslauten animiert, beknabbern sie sich gegenseitig und kraulen sich das Gefieder an Kopf und Hals. Kauz und Käuzin rufen auch gern im Duett zur Synchronisation vor bestimmten herausragenden Ereignissen, wie der Beuteübergabe, beim Höhlenzeigen und bei der Begattung. Von Bettellauten durch das Weibchen begleitet, übergibt der Kauz eine Maus, eine Art Brautgeschenk. Je mehr Beute das Männchen liefert, umso mehr Fett setzt seine Braut an und umso mehr Eier wird sie ins Höhlennest legen. Dicke Bräute sind bei Käuzen ein Erfolgsgarant. Geduldige Eulen-Forschende haben in Nachtschichten ermittelt, dass es zu bis zu vier Kopulationen pro Nacht kommt, wobei der eigentliche Akt im Schnitt 3,1 Sekunden dauert.

Die Arbeitsteilung des Käuzchenpärchens ist streng geregelt. Während das Weibchen im März/April vier Wochen lang die drei bis fünf reinweißen und fast kugelrunden Eier bebrütet, geht das Männchen auf Jagd und versorgt sein Weibchen mit deftigem Frischfleisch. Die beliebteste Jagdzeit ist die Stunde nach Sonnenuntergang sowie die Stunde vor Sonnenaufgang, die Zeiten der Dämmerung. Damit geht der kleine Kauz auch seinen gefährlichsten Fressfeinden wie den größeren, nachtaktiven Eulen und den tagaktiven Greifvögeln aus dem Weg. Sind Nestlinge zu versorgen, kann man das Käuzchen auch mitten am Tag bei der Jagd beobachten. Das Kauzmännchen fängt am Boden Mäuse, Maikäfer, Grillen und Regenwürmer. Man traut es dem pummeligen Kauz kaum zu, wenn man ihn tagsüber ruhend und kugelförmig aufgeplustert auf einem Baum reglos hocken sieht, dass er abends im schnellen Sprint eine flüchtende Feldmaus einholen kann. In Italien nutzte man dieses Talent, um mit gezähmten Käuzen in den Gärten die ungeliebten Nagetiere zu jagen. In freier Landschaft zieht es Steinkäuze vor allem in Grünlandgebiete mit einzelnen Bäumen, mit Weidevieh und Koppelpfählen als Jagdsitz. Der tägliche Nahrungsbedarf eines Kauzes wird mit etwa drei Feldmäusen gedeckt. Je größer die Biodiversität in seinem Lebensraum ist, umso abwechslungsreicher ist seine Speisekarte. Ist das Nahrungsangebot gut, kann schon die bescheidene Reviergröße von einem Hektar genügen.

Die Jungkäuze verlassen im Alter von drei Wochen die Höhle, ohne fliegen zu können. Sie leben als »Ästlinge« und werden von beiden Eltern weiter mit Nahrung versorgt. Spätestens im Alter von drei Monaten löst sich der Familienverband auf. Der

Nachwuchs wird abgedrängt und sucht sich in der näheren Umgebung ein eigenes Revier, um sesshaft zu werden, selten weiter entfernt als zehn Kilometer. Schon im Herbst lassen die Jungkäuze ihre Stimme ertönen und grenzen ihre neu erworbenen Reviere ab. Sie haben nicht viel Zeit, um eine Familie zu gründen und ihre Art zu erhalten. Ihre Lebenserwartung beträgt im Schnitt nur vier Jahre. Die häufigsten Todesursachen sind Fressfeinde, neben den größeren Eulenarten auch der Marder, der in die Bruthöhlen eindringt, Greifvögel, blutgerinnungshemmende Gifte in Feldmäusen und nicht zuletzt der Straßenverkehr, da die Käuze gern als Fußgänger unterwegs und den Autos eindeutig unterlegen sind. Bei all diesen Problemen ist es absolut vorteilhaft, das Leben im vertrauten Zusammenhalt zu meistern. Indem die Käuzchen sich die Treue halten, können sie die Versorgung ihrer Familie sichern und den Alltag konfliktarm regeln. Warum allerdings die Käuze bei allem Liebes-, Ehe- und Familienglück dennoch einen permanent mürrischen Gesichtsausdruck auflegen, muss der Spekulation überlassen werden.

Freundlicher erscheinen uns die Schleiereulen mit ihrem wunderschönen, weißen Gesichtsschleier, der als Schalltrichter bei der nächtlichen Jagd auf Mäuse dient. Im Gegensatz zu den Steinkäuzen, aber auch zu den anderen Eulen wie dem Uhu, der Waldohreule und dem Waldkauz, die allesamt auf strenge Monogamie vertrauen, praktizieren die Schleiereulen eine Beziehung »an langer Leine«.

Die Partnersuche beginnt im Februar. Weich und lautlos gleiten die hellen Vögel durch die Finsternis und erwecken manchmal den Eindruck des Geisterns. Das Männchen gibt grausig klingende, kreischende, schnarchende, röchelnde und stöhnende Laute von sich, die einen ahnungslosen Menschen ganz schön erschrecken können. Ganz anders reagiert das Eulenweibchen auf die unheimlichen Lautäußerungen. Es ist überaus entzückt, und seine Paarungsbereitschaft wird dadurch geweckt. Das Weibchen erwidert die Rufe, allerdings zurückhaltender und gedämpfter. Vor der eigentlichen Paarung zeigt das Männchen seiner Angebeteten den Brutplatz. In meinem Dorf finden Schleiereulen ihren Nistplatz entweder in einem dunklen Winkel im Kirchturm, im stillgelegten Trafohäuschen oder in einem Nistkasten an der inneren Giebelwand einer ehemaligen Mühle. Um das Eulenweibchen endgültig von seinen Qualitäten zu überzeugen, überreicht das werbende Männchen eine Art Hochzeitsschmaus – eine frischtote Maus. Eulenmännchen ahnen es wohl: Auch Eulenweibchen sind bestechlich. Haben sich beide geprüft und für gut befunden, folgt das Übliche: Eier legen, Brüten und Betteln der Jungvögel. Diese stehen wie Orgelpfeifen torkelnd in einer Reihe und warten darauf, gefüttert zu werden. Das unterschiedliche Alter der Heranwachsenden resultiert daraus, dass die Eule schon nach dem Ablegen des ersten Eis mit dem Brüten beginnt und die Küken nacheinander im Abstand von ein bis zwei Tagen schlüpfen. Der Appetit der Nestlinge wächst von Tag zu Tag. Mangelt es an Nachschub, wird auch schon mal das kleinste Küken von seinen großen Geschwistern verzehrt. Diesen Kainismus, also die Tötung eines jüngeren Geschwisters, gibt es bei allen Eulenarten.

Die Euleneltern geben ihr Bestes und schleppen vor allem Feldmäuse an, die zeitweilig auch mal knapp sein können. Gerade unter Feldmäusen gibt es starke Bestandsschwankungen. Nach einer Massenvermehrung kommt es im Folgejahr meist zum Zusammenbruch der Populationen.

Sobald die Jungeulen selbstständig auf Futtersuche gehen können, ist Schluss mit Versorgung und Nähe, auch mit der zum Partner. Außerhalb der Brutzeit sind Schleiereulen lieber für sich allein. Das bisherige Brutrevier teilen sich die Partner in zwei Hälften und können sich somit gut aus dem Weg gehen. Die Hauptbeschäftigungen der Eulen, das Schlafen am Tage und das

Jagen in der Nacht, spielen sich dann jeweils ohne Partner ab – Geschlechtertrennung auf Zeit.

Der Grund für die Treue der Eulenmännchen liegt auch in der Art des Eulenfutters. Die Eulen müssen flinke Tiere erbeuten. Mäuse und Kleinvögel sind die wichtigsten Frischfleisch-Lieferanten. Doch diese lassen sich nicht so einfach einsammeln wie etwa Blattläuse und Raupen von den Bäumen. Mit dem Ansitzen, dem Abwarten und den zahlreichen, oft auch erfolglosen Fangversuchen ist der Eulenmann voll ausgelastet. Mit einer Zweitbeziehung würde die Rechnung nicht aufgehen. Das Budget an Zeit und Energie reicht eben gerade für die Versorgung einer Familie aus.

Manche Schleiereulen setzen dieser Theorie jedoch etwas entgegen. Während das Weibchen auf den Eiern hockt, versucht das Männchen, mit einer prächtigen Maus im Schnabel weitere Weibchen für sich zu begeistern. Häufig gelingt dieses Vorhaben. Dann können mehrere Weibchen im Revier eines Männchens brüten, sodass der Tatbestand der Polygynie erfüllt ist. Unternehmungen dieser Art sind besonders in mäusereichen Jahren von Erfolg gekrönt. Doch auch Verpaarungen eines einzelnen Weibchens mit mehreren Männchen kommen bei Schleiereulen vor, wenn auch seltener. Die Wahrscheinlichkeit steigt, wenn es an Mäusen mangelt, dann schaffen mehrere Männchen das Futter für ein Weibchen samt Brut herbei, ein Fall von Polyandrie. Es kann auch vorkommen, dass ein Weibchen zweimal pro Saison brütet, jeweils mit einem anderen Männchen verpaart. Damit alles im zeitlichen Rahmen bleibt, übernimmt das Erstmännchen die Betreuung der Erstbrut, während bei der Zweitbrut das Zweitmännchen seinen Mann steht. Für Eulen insgesamt sind derartige Experimente jedoch eher die Ausnahme.

Vögel sind einfallsreich und immer wieder für Überraschungen gut! Wodurch kommen Abweichungen von der Monogamie, also Regelverstöße, zustande? Die einfachste Antwort: Arithmetische Ungleichgewichte können divergierendes Verhalten befördern. Schon durch einen Überschuss an männlichem oder weiblichem Personal kann die Monogamie unterlaufen werden. Schließlich will jeder mal drankommen, sodass es gar den Anschein von Gerechtigkeit haben könnte, wenn überzählige Männchen oder Weibchen von schon verpaarten Tieren eheähnlich mitbetreut werden. Und schon kann aus einer Einehe eine Mehrehe werden.

Beziehungen zu mehreren Partnern erfordern ein besonderes Organisationstalent. Will ein Vogelmännchen mehrere Vogelweibchen zur gleichen Zeit für sich gewinnen, kann das auf zwei unterschiedlichen Wegen erfolgen: Zum einen kann sich das Männchen mit verschiedenen Weibchen auf ein und demselben Territorium paaren. Dann brüten die Weibchen dicht beieinander, manchmal sogar im Sichtkontakt. Konkurrentinnen werden zu Nachbarinnen und müssen sich ertragen. Zum anderen kann aber ein starkes Männchen auch mehrere Reviere innehaben, in denen jeweils eines seiner Weibchen haust. Dann besitzt jedes Weibchen seinen völlig eigenen Hausstand. Unabdingbare Voraussetzung für diese Art von Beziehungsmodellen sind gute Futtergrundlagen. Wo Schmalhans Küchenmeister ist, versagt die Mehrehe.

ADLER – Spätzünder

Wenn mich mitten im Winter aus den Wäldern am Fluss die Rufreihen des Seeadlers erreichen, erfasst mich eine Ahnung von Frühling. Die Adler gehören zu jenen Vögeln, die sehr frühzeitig im Jahr mit der Balz beginnen, auch auf die Gefahr hin, dass der brütende Altvogel auf seinem Nest manchmal eingeschneit wird. Warum tut der Vogel sich das Brüten in eiskalten Nächten an?

Der Jahresplan der Adler ist gut gefüllt: 40 Tage Brutzeit, 90 Tage Füttern und nach dem Ausfliegen weitere 25 Tage Betreuung und Ausbildung – mit über fünf Monaten eine ungewöhnlich lange Elternzeit für einen Vogel. Da ist es nur vernünftig, rechtzeitig im Jahr zu starten.

Adler gelten als die Herrscher der Lüfte, als Sinnbild für Heldentum und Unbesiegbarkeit. Im antiken Griechenland war der Adler das Symbol des obersten olympischen Gottes Zeus. Adlerfedern als Kopfschmuck trugen Indianer in Nordamerika als Ausdruck ihrer Tapferkeit.

Noch bis vor wenigen Jahrzehnten drohte den einst hochverehrten Vögeln die Ausrottung durch den Menschen. Jahrhundertelang wurden sie als Jagdschädling erbarmungslos verfolgt, den endgültigen Todesstoß hätten ihnen beinahe die Pestizide, darunter das Insektengift DDT, versetzt. Ihre Eierschalen wurden durch die Gifteinwirkung so dünn, dass sie beim Brüten zerbrachen und der Nachwuchs, vor allem in Westeuropa, ausblieb. Überlebt haben hierzulande die letzten Exemplare in Mecklenburg-Vorpommern und Brandenburg. Allerdings sind diese Pestizide immer noch in unserer Umwelt nachweisbar. Eine spanische Forschergruppe fand diese Substanzen auch in Eierschalen, allerdings um ein Drittel reduziert, und auch die Eischalendicke wird nach wie vor negativ beeinflusst. In Spanien wurde der Einsatz von DDT schon 1986 verboten.

Erfreulich ist dennoch, dass sich die Adler etwa seit 1990 wieder im Aufwind befinden, und mit ihnen auch andere Greifvogelarten. Innerhalb von drei Jahrzehnten hat sich der Bestand an Seeadlern in Deutschland von 185 auf fast eintausend Brutpaare vervielfacht. Zu verdanken ist diese erfreuliche Entwicklung nicht zuletzt auch vielen ehrenamtlichen Naturschutzhelfern, die in ihrer Freizeit das Wohl der erhabenen Adler im Blick behalten.

Beheimatet in den wald- und wasserreichen Landschaften Nordostdeutschlands lassen sich die größten Adler Europas nun wieder bewundern. Ich erlebe sie ganzjährig entlang der Elbe, wo sich etwa alle zehn Flusskilometer ein Seeadler-Brutpaar in den flussbegleitenden Wäldern eingerichtet hat. An sonnigen Vormittagen ist nach meiner Erfahrung die Chance am größten, segelnde Adler im warmen Aufwind zu Gesicht zu bekommen. In spielerischer Leichtigkeit drehen sie ihre Runden. Ich halte es für sehr wahrscheinlich, dass sie auch aus reiner Freude segeln und dabei sogar Glücksgefühle empfinden. Die Glückshormone der Vögel gleichen unseren menschlichen Glückshormonen.

Lebenslang an ihrem großen Revier festhaltend, erlauben sich manche Seeadler den Komfort, gleich mehrere Niststätten zu bauen, die sie abwechselnd bewohnen. Weil sie die Horste immer wieder ausbessern und erneuern, können diese bis zu zwei Meter breit und fünf Meter hoch werden, gut getarnt in den Kronen sehr alter und hoher Kiefern oder Rotbuchen. Die Vögel haben aus ihrer tragischen Geschichte offenbar gelernt, dass es für ihr Überleben notwendig ist, sich vor den Menschen gut zu verstecken.

Seeadler werden erst mit fünf bis sechs Jahren geschlechtsreif, typische Spätzünder. Sie nehmen sich zusammen mit den Kranichen am meisten Zeit zum Erwachsenwerden. Dafür haben sie im Vergleich zu anderen Vogelarten ein langes Leben vor sich. Nur wenige Vogelarten kommen im Durchschnitt auf ein zweistelliges Lebensalter. Ganz oben steht der Seeadler mit 16 Jahren, gefolgt vom Kranich mit 14 Jahren und der Silbermöwe mit 13 Jahren. Einzelne Adler-Exemplare können mit Glück und Geschick bis zu 30 Jahre alt werden. Doch das Glück ist im Vogelleben ein seltener Begleiter.

Sowohl von der Größe als auch vom Gewicht her sind die Seeadlerweibchen den Männchen klar überlegen. Sie können ein bis zwei Kilogramm, also beinahe ein Drittel des Gesamtgewichts, mehr auf die Waage bringen. Das starke Geschlecht ist nach Maß und Gewicht eindeutig das weibliche, nicht nur bei Adlern, auch bei den anderen Greifvogelarten.

Wer sich auf Adlerschau begibt, erkennt die erwachsenen Vögel an den weißen Schwanzfedern, ihren brettförmigen Schwingen und ihrem mächtigen, gelb leuchtenden Hakenschnabel. Während sich erwachsene Seeadler ganzjährig in ihrem Revier aufhalten, streifen die Jungadler durch ganz Europa. Es lohnt sich daher, auch im Winter auf die Pirsch zu gehen. Aufgrund ihrer Größe kann man sie gut aus großer Entfernung mit dem Fernglas beobachten. Spannende Szenen kann man bei der Jagd erleben. Auf dem Speiseplan stehen vor allem Fische und Wasservögel. Aber auch Fallwild wird nicht verschmäht, eine Art von direktem Leichenschmaus. Eine solche Einladung ist nicht ungefährlich, ja, geradezu heimtückisch. Handelt es sich um angeschossenes Wild, das bei der Nachsuche von dem Jäger nicht aufgefunden wurde und verendete, können Bleivergiftungen durch die Aufnahme von Bleipartikeln aus Jagdgeschossen und anschließende Auflösung durch die Magensäure eintreten. Das Schwermetall Blei kann zur Erblindung und schließlich zum Tode führen, eine der häufigsten Todesursachen für Seeadler. Eine Alternative wäre bleifreie Jagdmunition, in einigen Ländern ist sie schon zum Standard geworden. Verendete Rehe und Wildschweine locken zunächst Kolkraben und Krähen an, denen später Seeadler folgen, manchmal gleich mehrere, ein beeindruckendes Schauspiel, eine »Schlacht« am kalten Buffet. Auch beim Abfischen von Teichanlagen sowie bei eingetretenem Fischsterben durch Sauerstoffmangel finden sich Seeadler zum Festmahl ein. Ist der Tisch gerade ungedeckt, hocken Adler stundenlang auf ihrer Sitzwarte, einem abgestorbenen Baum am Fluss- oder Seeufer mit gutem Überblick, und warten beharrlich auf Beute. Erwachsene Groß-

vögel können notfalls tagelang fasten. Doch meist ist ihnen das Jagdglück hold. Mit ihrem legendären Adlerblick können sie ihre Beute auf eintausend Meter Entfernung erkennen, wir Menschen können gleich große Objekte nur orten, wenn wir uns auf 50 Meter genähert haben.

In der Morgen- und Abenddämmerung, aber auch tagsüber kann man die rhythmischen Rufreihen manchmal im Duett vernehmen, das Männchen in hoher, das Weibchen in tiefer Tonlage. Zur Balzzeit kreisen beide Partner spielerisch durch die Lüfte, bevorzugt bei Sonne und Wind, mal nebeneinander, mal übereinander, mal fliegt einer von beiden in Rückenlage, und dabei fassen sie sich mit ihren Fängen traulich an und schlagen, wenn sie in Hochstimmung sind, sogar ein Rad. Atemberaubende Sturzflüge runden im Februar und März die Flugschau ab. Was Zeit und Ort ihrer Intimitäten angeht, sind Seeadler flexibel. Die

Begattung kann morgens, mittags oder auch abends auf einem Baum oder auf dem Boden erfolgen, manchmal auch im Nest, das als freundliche Geste immer wieder mit frischem Grün ausgelegt wird!

Ihr Revier verteidigen Seeadler mit hohem Einsatz. Eindringlinge werden kompromisslos vertrieben, bei hartnäckigem Widerstand kann es auch zu Verletzungen der Kämpfenden kommen. So wie Seeadler an ihr Revier gebunden sind, sind sie auch an ihren Partner gebunden. Adler scheinen überhaupt nichts von Liebesabenteuern zu halten. Durch genetische Fingerabdrücke wurde nachgewiesen, dass der Adler-Nachwuchs nahezu immer von den fütternden Eltern stammt, Fremdbegattungen sind praktisch ausgeschlossen.

Ob Adler, Geier oder Reiher: Eifersucht und Partnerbewachung stehen bei größeren Vogelarten nicht auf der Tagesordnung. Sie verzichten auf Kontrolle. Toleranz macht's möglich. Doch was bleibt ihnen auch anderes übrig? Große Vögel haben großen Hunger und brauchen daher große Reviere, um Beute zu machen. Da ist es schlicht unmöglich, ständig das Tun der Partnerin im Blick zu haben, zumal auch Überwachungskameras für die Vogelwelt nicht verfügbar sind. Da steht der Vogelmann vor der Wahl: Auf die Gemahlin permanent aufpassen und allmählich verhungern oder sich um Futter kümmern. Die großen Vogelmänner haben sich klar gegen das Verhungern entschieden. Damit alle auf ihre Kosten kommen, wird bei jeder Futterübergabe ausgiebig kopuliert. So erledigen sich die Grundbedürfnisse in einem Arbeitsgang.

Kooperation statt Überwachung – das ist das Rezept bei Familie Adler. Die Bindung geht bei Seeadlern sogar so weit, dass sie paarweise auf Jagd gehen. Meist nicht ganz fitte Wasservögel, vor allem Enten und Rallen, werden von den Jagdpartnern abwechselnd immer wieder zum Abtauchen gezwungen, bis die Opfer völlig erschöpft zur leichten Beute werden. Dieses Beispiel zeigt, dass ein eingespieltes Zweierteam hinsichtlich der Versorgung durchaus Vorteile mit sich bringt. Man steht füreinander ein. So gesehen sind Dauerehen auch ungeschriebene Versicherungsverträge. Die Geltungsdauer allerdings endet abrupt mit dem Tod eines Gatten. Witwenrenten sind in der Vogelwelt nicht vorgesehen.

Ganz ähnliche Geschichten kann man von der Geschwisterart, dem kleineren Fischadler, erzählen. Auch er ist seiner Ausrottung gerade so entkommen und hat sich von 100 auf 800 Brutpaare in Deutschland »hochgearbeitet«. Doch in einigen Verhaltensweisen unterscheiden sich Seeadler und Fischadler grundlegend. So baut der Fischadler neuerdings seine Horste nicht mehr auf exponiert hohen Bäumen in den Wäldern, sondern ausschließlich auf Hochspannungsmasten, die in jedem Fall einen freien Anflug gewährleisten. Die Vogelart hat gelernt: Frei stehende Stahlmasten sind weniger leicht von kletternden Räubern zu erklimmen als Bäume.

Der Fischadler bleibt nicht ganzjährig in seiner Brutheimat Mitteleuropa. Als Nahrungsspezialist – morgens, mittags und abends gibt es Frischfisch – wäre er im Winter bei zugefrorenen Gewässern aufgeschmissen. Deshalb treten die Fischadler Ende August die Reise in den Süden an. Wie Forschungsergebnissen aus dem Nationalpark Müritz zu entnehmen ist, fliegt das Weibchen schon Mitte August los, während das Männchen noch Restarbeiten in der Nachwuchsbetreuung erledigt und einige Wochen später startet. Erst im Oktober ziehen die Jungvögel hinterher, jeder für sich allein. Die Route geht über die Alpen, das Mittelmeer, die Sahara (mit insgesamt sechs Übernachtungen in der Wüste) bis ins tropische Nigeria und Kamerun, insgesamt 7000 Kilometer in vier Wochen. Wenn auch auf dem Rückflug alles gut geht, treffen sich die beiden Altvögel wieder im April zur neuen

Saison am gewohnten Horst. Durch eine im Nationalpark installierte Kamera lässt sich von Anbeginn das Ehe- und Familienleben mit allen Höhen und Tiefen live verfolgen.

Zugegeben, Seeadler und Fischadler zu Gesicht zu bekommen ist aufgrund ihres geografisch begrenzten Vorkommens nicht einfach, beide Arten sind innerhalb Deutschlands nur im Nordosten beheimatet. Eine Entschädigung bieten die Mäusebussarde, auch als »Katzenadler« bezeichnet, die als häufigste Greife fast überall in Deutschland vorkommen, rund hundert Mal häufiger als Adler. Zudem erobern sie neuerdings auch die Städte. In Hamburg und Magdeburg kann man sie mitten über dem Stadtzentrum am Himmel kreisen sehen. Vor allem ab März hört man dabei ihr durchdringendes Miauen, ihre unverkennbaren »hiää«-Rufe. Seinen Namen hat der Bussard aus dem Mittelhochdeutschen, entstanden aus der Kontraktion von »Buse« (Katze) und »Aar« (Adler).

Mäusebussarde brüten gern in Waldrandnähe und jagen in offener Landschaft. Jahrhundertelang wurden sie erbittert verfolgt, weil sie neben Mäusen hin und wieder auch Junghasen ergreifen. Häufig nehmen sie auf Straßenbäumen Platz, suchen nach Verkehrsopfern, fangen aber auch gern kleine Nagetiere, die die Fahrbahn überqueren wollen. Für Nager wie Bussard endet das oft tödlich.

Wie die Seeadler pflegen auch Mäusebussarde dauerhafte Paarbeziehungen. Ein halbes Jahr lang kümmern sich die Bussardeltern intensiv um meist zwei Junge, eine ausgiebige Lehrzeit am Ende gehört dazu. Die Belohnung für die Mühe: Mit 50 Prozent weisen Mäusebussarde eine überdurchschnittlich hohe Überlebensrate im ersten Lebensjahr auf. Egal ob Vogel oder Mensch: Investitionen in die junge Generation sind immer lohnenswert.

HABICHT – Eigenbrötler

Es gibt Menschen, die sich aus allem heraushalten wollen. Dabei handelt es sich um Typen, die eher ungesellig sind und lieber ihre Ruhe haben wollen, als sich mit dem Klatsch und Tratsch der Nachbarschaft zu befassen. Sie setzen auf Unabhängigkeit und Eigenversorgung. Früher nannte man sie auch Eigenbrötler. Das waren bedauernswerte Junggesellen, die, weil ihnen die Partnerin im Hause fehlte, sogar ihr Brot selbst backen mussten.

Auch von manchen Vögeln wissen wir, dass sie das Einzelgängerdasein über alles lieben, allerdings nur in der brutfreien Zeit, dann sind strikte Ehepausen mit Abstand angesagt. Als ausgeprägter Individualist hat sich der Habicht einen Namen gemacht. Der graubraune Vogel mit dem scharfen Hakenschnabel und der »gesperberten« hellen Unterseite (dunkle Querbänder) lebt versteckt in Wäldern. Man sieht ihn eher selten und wenn, dann meist nur auf der Flucht zwischen den Bäumen entschwindend. Ein scheuer Vogel, der nur selten seinen Wald in Richtung offener Landschaft verlässt. Scheu nicht zuletzt deshalb, weil er jahrhundertelang gnadenlos von Jägern, Tauben- und Hühnerzüchtern verfolgt wurde. »Hühnerhabicht« wurde der wendige Vogel mit den langen Steuerfedern geschimpft, auch als »geflügelter Teufel«, weil er ab und zu ein frei laufendes Huhn zum eigenen Verzehr ergattert, ein Huhn, das einen Besitzer hat, dem das ganz und gar nicht gefällt. Das Huhn sollte noch viele Eier legen und später mal im Kochtopf landen – für eine eigene Mahlzeit. So wurde der Habicht als Nahrungskonkurrent verflucht und an den Rand der Ausrottung befördert. Bis in die 70er-Jahre standen Habichte ganz legal als Schädlinge auf der Abschussliste. Die Zeiten der Verfolgung sind zwar vorbei, aber vergessen und verzeihen konnten es die Habichte dem Menschen bis heute nicht. Sie bleiben in Deckung.

Einige besonders mutige Exemplare dieser Greife scheinen nun völlig neue Wege zu erproben. Für die normalerweise in Wäldern untergetauchten Vögel kommt das einer Revolution gleich. Sie gehen quasi auf die Straße, erobern große Städte und entdecken die Parkanlagen für sich als Domizil. Allein Berlin zählt über einhundert Brutpaare, auch Hamburg und Köln wurden als Experimentierfelder auserwählt. Was lockt die leidenschaftlichen Einsiedler neuerdings in die turbulenten Metropolen? Es ist vor allem das fette Angebot an Tauben, Elstern und Krähen. Reicher kann der Tisch in keinem noch so urigen Wald gedeckt sein.

Ein gewöhnlicher Habicht hat eine besonders feste Beziehung zu seinem Revier. Im geschlossenen Wald mit vielen alten Bäumen besetzt er für sich allein einen Bereich von bis zu 60 Quadratkilometern Fläche. Für einen Einzelgänger ist ein großer Wohnbezirk sehr vorteilhaft, denn dadurch verringert sich die Begegnungswahrscheinlichkeit mit Artgenossen. Auf seinem Grundstück herrscht absolutes Betretungsverbot und erst recht Bauverbot für andere Habichtmänner. Er, der Inhaber, baut sich aber nicht nur einen Wohnsitz, Horst genannt, nein, er leistet sich den Luxus gleich mehrerer Horstplätze. Die stattlichen Nester werden auf alten Bäumen errichtet und ruhen auf starken Ästen. Zur Ausschmückung werden grüne Zweige eingetragen und während der gesamten Brut- und Nestlingszeit ständig erneuert. Warum tut er das? Es legt den Verdacht nahe, dass Herr Habicht einen Sinn für Ästhetik und Häuslichkeit hat. Die wahren Gründe bleiben uns verschlossen. Er verlässt seinen angestammten Lebensraum kaum jemals, ein ganz und gar standhafter Standvogel.

Von Juli bis in den Januar hinein gehen sich Männchen und Weibchen strikt aus dem Wege. Sie meiden jeden Begegnungsverkehr. Erst zur Balz- und Brutzeit erfüllt der Habicht sein familiäres Pflichtprogramm. Folgsam bringt er seinem gleichgefärbten, aber um ein Drittel größeren und meist hungrigen Weibchen, das zu Hause auf dem Nest hockt und die Eier über sechs Wochen lang ausbrütet, regelmäßig Frischfleisch. Mit seinen kurzen runden Flügeln und dem langen Schwanz navigiert er geschickt zwischen den Baumstämmen selbst dichter Wälder. Ist er von Hunger getrieben, kreist er gelegentlich in großer Höhe und stößt zielsicher auf sein Opfer herab, weshalb er auch als »Stößer« in den ländlichen Sprachgebrauch einging. Im Fang-Sortiment befindet sich vor allem mittelgroßes bis großes Geflügel aller Art. Bei der Nahrungsbeschaffung ist der Habicht alles andere als zimperlich. So greift er ohne Hemmungen in die Kinderstuben der Nachbarschaft ein, um die Nachbarskinder zu rauben und an die eigenen Kinder zu verfüttern. Bei Kleinvögeln raubt er gar das komplette Nest mit Inhalt. Selbst Nestlinge von Adlern und Milanen haben schon dran glauben müssen. So gesehen trifft der lateinische Name des Habichts *Accipiter gentilis*, der von »capere« – »nehmen« – abgeleitet ist, sein angeborenes Verhalten sehr genau. Er versteht sich aufs Kapern. Gute Nachbarschaftsbeziehungen sind dem Habicht fremd.

Im Alter von zwei Monaten wird der eigene Nachwuchs harsch genötigt auszuwandern, und das Einsiedlerleben findet seine gewohnte Fortsetzung. Mit der Vertreibung verstummen die traurig stimmenden Bettelrufe, und die geliebte Ruhe kehrt wieder ein. Der Habicht meidet ab sofort jeden Kontakt zu seiner Verwandtschaft, inklusive seines Ehepartners. Er genügt sich selbst und kommt damit gut über die Runden – allerdings nur bis zur nächsten Brutsaison. Dann muss er sich wieder mit seiner »Ehemaligen« arrangieren. Sein häufigster Ruf ertönt nach langem Schweigen ab Januar bis März als ein scharfes, gereihtes Gickern, »gik-gik-gik«. So finden beide zueinander und kreisen über die Baumwipfel mit betont langsamen, zeitlupenartigen Flügelschlägen. Dem stärkeren Weibchen möchte das kleine Habichtmännchen imponieren und steigt mit heftigen Flügelschlägen in die Höhe, um sich kurz darauf wie ein Stein fallen zu lassen. In lauten, langen und ziemlich ungeduldig klingenden Reihen ruft der Habicht dann zur Paarung auf. Bei der Kopulation lassen beide Partner ein hohes »wirr-wirr-wirr« ertönen. Somit erfährt das Alleinsein seine planmäßige Unterbrechung für eine neue Brutperiode.

TAUBE – Friedensvogel

Wohl kaum eine andere Vogelart hat eine so vielfältige Symbolkraft wie die Taube. Sie steht für Frieden, Freiheit, Glück, Unschuld, Liebe und Treue. Hoffnung und Zuversicht verkündet die Taube, die mit dem Zweig des Olivenbaumes im Schnabel der biblischen Erzählung nach zur Arche zurückkehrt und das Ende der Sintflut anzeigt. Nicht erst seit Picassos *Weißer Friedenstaube* stehen Tauben für ein friedliches Miteinander. Ein Blick in ihr Leben lässt erkennen: Aggressive Handlungen kommen im Alltag der Tauben kaum vor. Tauben turteln lieber miteinander, sie putzen sich gegenseitig – ein schönes Bild, ein Vorbild …

»Mein Täubchen« – wie zärtlich das klingt! Und so ist es wohl auch gemeint, wenn diese Worte ausgesprochen werden. Gern verwenden wir Bilder aus der Natur, um etwas auszudrücken, wofür uns sonst die Worte fehlen. Doch was wissen wir vom Leben und Lieben der Tauben? Jahrtausendelang lebten Menschen und Tauben nah beieinander, oft sogar unter ein und demselben Dach. Inzwischen sind sie den meisten Menschen fremd, nicht selten sogar höchst unsympathisch geworden. Der Wandel in den Haltungen drückt sich auch in der Wortwahl aus. Unseren Straßentauben, die ursprünglich aus den wilden Felsentauben hervorgegangen sind und heute noch im gesamten Mittelmeerraum leben, wurde das Etikett »Ratten der Lüfte« verpasst. Krasser geht's kaum.

Taube ist nicht gleich Taube. Es ist schon ein seltenes Glück, einer der schönen und schlanken Turteltauben draußen in unserer Kulturlandschaft zu begegnen. Diese zierliche, scheue Taube verblüfft jeden aufmerksamen Beobachter mit dem schwarzweißen Halsschmuck, einer Halskette ähnlich, mit der weinroten Brust, dem hellen Bauch, den rostbraunen, schwarz gefleckten Flügeln und den Schwanzfedern mit den weißen Außenfahnen.

Die Turteltaube ist die kleinste Vertreterin aus unserer heimischen Taubenfamilie. Mit atemberaubendem Tempo und ruckartigen Flügelschlägen trifft sie bei uns im Frühling ein, nachdem sie den Winter in den Savannen südlich der Sahara verbracht hat. Die Turteltaube ist die einzige unserer Taubenarten, die als Zugvogel auf eine längere Flugreise geht. Dabei werden nach Schätzungen der Vogelwarte Sempach und der Universität Gießen (2016) zwei bis drei Millionen Turteltauben jedes Jahr geschossen oder gefangen, vor allem auf Malta, in Italien und in Spanien, wohlgemerkt: im reichen Europa!

Erst nach ihrer Ankunft im Mai verrät sie sich mit ihrem tiefen, hingebungsvollen Schnurren, einem geradezu zärtlich klingenden »turrr-turrr-turrr«. Wohl deshalb werden frisch verliebte Menschen als Turteltauben bezeichnet.

Im Gegensatz zu anderen Taubenarten absolviert sie nur ein bis zwei Bruten im Jahr und bevorzugt dabei die monogame Saisonehe. Die Taube gilt in vielen Ländern als stark gefährdet. Als Bewohnerin der Agrarlandschaft mangelt es ihr vor allem an geeigneten hecken- und buschreichen Lebensräumen, um die hohen Verluste einigermaßen durch erfolgreiche Bruten in Laufe ihres Lebens auszugleichen. Turteltauben können zwar maximal 13 Jahre alt werden, doch im Durchschnitt erreichen sie nur drei Jahre. Festgestellt wurde eine hohe Jugendmortalität. Kein

Wunder also, dass ihre Zahl in den letzten 30 Jahren um 90 Prozent abgenommen hat. Nach einer neuen Studie sind die Ursachen der Bestandseinbrüche nicht nur beim Vogelzug im Süden, sondern auch bei uns in Mitteleuropa zu suchen. Die Anzahl der Gelege hat stark abgenommen, weil es an Nahrungshabitaten fehlt. Turteltauben ernähren sich rein pflanzlich und bevorzugen Wildkrautsamen. Wo die Wildkräuter verschwinden, verschwindet auch die Turteltaube. Wir müssen uns fragen, welchen Stellenwert die Natur in unserer Kulturlandschaft noch hat?

Viel häufiger begegnen uns Ringeltauben. Fast überall, wo Bäume vorhanden sind, lassen sie sich entdecken, in der Stadt und auf dem Land. Sie fallen mit ihren weißen Streifen an den Halsseiten und den weißen Flügelbändern auf. Ihre meist fünfsilbigen Rufe zur Reviermarkierung mit der Betonung der zweiten Silbe »gru-gruh-gru-gu-gu«, volkstümlich übersetzt mit »Nur-Bu-ße-tut-gut«, sind nicht zu überhören und werden sowohl vom Männchen als auch vom Weibchen beinahe das ganze Jahr über vorgetragen. Die besondere Kunst: Während die Vögel rufen, bleiben ihre Schnäbel geschlossen. Es sind die größten Tauben Mitteleuropas, und sie stehen nach ihrer Anzahl immerhin an zehnter Stelle auf der Artenliste der Vögel insgesamt. Mit drei Millionen Brutpaaren gelten sie in Deutschland als häufigste Nichtsingvogelart, zehnmal häufiger als die in Schwärmen auftretenden Straßentauben in den Städten.

Ursprünglich war die Ringeltaube ein reiner Waldvogel, sie begann aber schon vor 200 Jahren, die Städte zu erobern, und ist inzwischen bis in ihre Zentren vorgedrungen, sofern Bäume vorhanden sind. Das Aufregende an dieser Vogelart: Die Taubenpärchen lassen uns öffentlich an ihrem Liebesleben teilhaben. Zum einen sind sie aufgrund ihrer Größe kaum zu übersehen, zum anderen nehmen sie sich ganz im Gegensatz zu den meisten kleinen Singvögeln ausgesprochen viel Zeit für die Liebe. Wir dürfen in aller Ruhe bei ihren Paarungsritualen im Park, auf Bäumen und in der Luft zuschauen. Bei ihren Hochzeitsflügen – ein girlandenförmiges Auf und Ab – ertönt auf dem höchsten Punkt der Flugbahn ein sogenanntes Flügelklatschen, um eine gesteigerte Aufmerksamkeit durch den begehrten Partner zu erheischen. Haben sich Taube und Täuber für passend befunden, nehmen sie auf einem Ast Platz, ordnen eifrig ihr Gefieder und putzen sich vor den Augen des Gegenübers heraus. Der eigenen Schönheitspflege folgt im Zuge der Annäherung ein gegenseitiges Gefiederkraulen. Das Kopf- und Halskraulen scheint besonders beliebt zu sein. Diese Körperstellen, die ein Vogel mit seinem Schnabel selbst nicht berühren kann, sind für Liebesbeweise besonders empfänglich. Nach der Kraulphase folgt die Schnäbelphase. Das Weibchen steckt seinen Schnabel in den Schnabel des Männchens, so wie die jungen Taubennestlinge ihren Schnabel in den Schnabel der Alttauben stecken, um Nahrungsbrei aufzusaugen. Im liebesfähigen Alter ist dieses Verhaltensmuster als symbolisches Anfüttern des begehrten Partners zu werten. Ist die Zeit gekommen, nimmt der Täuber auf dem sich bereitwillig abduckenden Täubchen Platz und befruchtet es mit seinen Samenzellen.

Ringeltauben bauen ihre spartanischen Nester am liebsten auf waagerechten Ästen in Baumkronen noch vor dem Laubaustrieb. Das Männchen liefert dünne Zweige passender Länge als Baumaterial, das Weibchen verbaut die Teile zu einer Plattform. So harmonisch wie diese Paarbeziehung auch abläuft, Ringeltauben wollen nicht auf eine jährliche Neuwahl verzichten, sie bevorzugen die monogame Saisonehe. In städtischen Revieren jedoch tendieren sie zur Dauerehe, wenn aus der vorangegangenen Brut erfolgreich Junge hervorgegangen sind. Die ältesten beobachteten Ringeltauben wurden 17 Jahre alt.

Etwas anders ticken die Stadttauben, auch Straßentauben genannt. Vom Menschen frühzeitig als Haustauben domestiziert, befreiten sich einige von der Abhängigkeit und durchlebten anschließend den Prozess der Rückverwilderung, der schon in der Antike begann und sich weltweit in allen Städten fortsetzte. In manchen Orten sind sie regelrecht zur Plage geworden, vor allem dort, wo sie aus Spaß von Menschen gefüttert werden. Sie sind anspruchslos und ernähren sich auch vom allgegenwärtigen Abfall der menschlichen Zivilisation. Wie eine Baseler Studie nachgewiesen hat, wächst die Anzahl der Tauben mit dem Futterangebot. Tauben füttern heißt also Tauben vermehren. Gegen eine Überpopulation von Stadttauben hilft nur ein striktes Fütterungsverbot.

Im Gegensatz zu den Turtel- und Ringeltauben ist den Stadttauben das Brüten auf Bäumen nicht möglich, sie benötigen Bauwerke als Felsenersatz. Im Unterschied zu den anderen Tauben leben sie das ganze Jahr über gesellig, machen sie doch vieles gemeinsam im Schwarm, vom Fressen über das Baden, das Sonnen, Ruhen und Schlafen. Selbst das Brüten erfolgt in Kolonien. Dennoch, bei allem Kollektivgeist, die Ehe gilt für die Stadttauben als eine beständige Sache zu zweit. Das Modell der Dauerehe wird bei dieser Taubenart nicht infrage gestellt. Daran ändert sich auch nichts, wenn das Taubenweibchen gelegentlich mit einem anderen Täuber anbändelt.

Taubeneheleute brauchen einander zwingend. Taubenweibchen legen zwei weiße Eier in ihr schlichtes Nest. Gebrütet wird im Wechsel. Die Rollen sind klar eingeteilt. Der Täuber bevorzugt die Frühschicht, ab Nachmittag und die ganze Nacht hindurch tritt das Weibchen den Brutdienst an. Auch für die Fütterung der Jungtauben sind beide Partner gleichermaßen zuständig.

Alle Tauben sind reine Vegetarier, sie fressen vor allem Körner, die aber vertragen die Nestlinge nicht. Deshalb produzieren Taube wie Täuber eine spezielle »Fertignahrung« für ihre zweieiigen »Zwillinge«, eine Art Milchbrei. Eine derartige Fabrikation ist einmalig in der Vogelwelt. Der Rohstoff entstammt aus dem Kropf. Es ist eigenes Zellmaterial, das zu einer quarkähnlichen Masse verarbeitet wird und daher auch Kropfmilch genannt wird. Wenn das Weibchen schon mal auf dem nächsten Gelege Platz genommen hat, übernimmt das Männchen ohne Murren, aber mit Gurren die Versorgung der heranwachsenden Jungtauben. Man nennt es »Schachtelbruten«, wenn sich die aufeinander folgenden Bruten eines Paares zeitlich überlappen. Bei diesem straffen Zeitplan muss die Beziehung zwischen den Partnern stimmen. Langeweile kommt nicht auf, für abwegige Experimente bleibt kein Raum. Das Nistrevier wird meist lebenslang vom Taubenpaar beibehalten und muss gegen andere Interessenten verteidigt werden. Das alles hat sich fest eingespielt. Eine dauerhafte Ehe ist in diesem Falle das praktischste Modell.

Tauben und Menschen können ein sehr inniges, vertrautes Verhältnis zueinander entwickeln. Das macht diese Vögel zu geeigneten Partnern für wissenschaftliche Experimente, sofern sie darauf vorbereitet werden. Das Max-Planck-Institut für biologische Intelligenz hat in Zusammenarbeit mit der Ruhr-Universität Bochum 15 Haustauben für die Schlaf- und Traumforschung eingesetzt. Mit Infrarotkameras sowie der Kernspintomografie (MRT) wurde die Hirnaktivität der Tauben während ihres Schlafes überwacht. Es zeigte sich, dass die Vögel vergleichbare Schlafmuster durchlaufen wie wir Menschen, sowohl eine REM- als auch eine Non-REM-Phase. Während der REM-Phase wurden die für Traumphasen typischen Augenbewegungen sowie die Veränderungen der Pupillengröße gemessen. Im Gehirn waren vor allem jene Bereiche aktiv, die visuelle Reize verarbeiten. Da auch Areale aktiv waren, die Nervensignale aus den Flügeln verarbeiten, wird angenommen, dass Vögel im Traum Flugsequenzen durchleben. Während der Traumphasen besonders aktiv zeigte sich die Amygdala, das emotionale Zentrum im Gehirn. Es kann deshalb angenommen werden, dass in den Träumen Gefühle eine große Rolle spielen.

Unsere Vorfahren hielten Tauben im großen Stil als Haustiere in Taubenschlägen, um sie später als gebratene Tauben zu verspeisen. Besonders in Notzeiten, wie in den Nachkriegsjahren, hatte die Taubenhaltung Hochkonjunktur. Frei fliegend können Tauben ihr Futter selbst sammeln – äußerst praktisch für den Taubenhalter.

Brieftauben werden schon seit 2000 Jahren zur Übermittlung von Nachrichten eingesetzt. Mit einer Geschwindigkeit von über 150 km/h können sie bis zu 1000 Kilometer am Tag zurücklegen. Sie orientieren sich mithilfe ihres Magnetsinnes am Magnetfeld der Erde. Tauben wissen, wo es langgeht. Was aber zieht die Tauben immer wieder zurück in ihre Heimat, was treibt sie zu diesen ungewöhnlichen Flugleistungen an? Es ist in der Tat die innige Bindung an den Partner, der in der Heimat lauert! Die Sehnsucht ist eine der stärksten Triebkräfte.

HUHN – Hackordnung

90 Prozent aller Vogelarten, so haben wir erfahren, bevorzugen die Einehe, zumindest die soziale Monogamie, bei der ein Männchen mit einem Weibchen eine Zweierbeziehung eingeht. Übrig bleibt aber immerhin noch ein Rest von zehn Prozent. Es sind die Abweichler, Dissidenten, die etwas anderes wollen. Dabei handelt es sich um eine auffallend bunte Truppe. Einige von diesen Vogelarten suchen die Abwechslung, von der Bigamie bis hin zur Polygamie. Bei den Hühnervögeln ist die Polygamie nicht – wie bei manchen Singvögeln – nur eine Option, sie ist das Standardprogramm.

Wild lebenden Hühnervögeln geht es in Mitteleuropa schlecht, Auerhuhn und Birkhuhn sind vom Aussterben bedroht, das Haselhuhn ist stark gefährdet, Alpenschneehuhn und Steinhuhn sind extrem selten, nur der eingebürgerte und von der Jägerschaft gehegte Jagdfasan hat es etwas leichter. Zum Rebhuhn kommen wir später. Während es von vielen wild lebenden Hühnervogelarten nur noch jeweils ein paar Hundert, bestenfalls ein paar Tausend Exemplare gibt, sind Haushühner, auch Legehühner genannt, mit 40 Millionen Tieren allein in Deutschland reichlich vertreten. Auf zwei Einwohner entfällt statistisch ein Huhn. Keine frei lebende Vogelart kommt auch nur annähernd so häufig vor. Auch wenn die allermeisten Hennen unter Dauerstress in Gefangenschaft gehalten werden und nie im Leben einem Hahn begegnen, oft nicht einmal Tageslicht erleben, so gibt es doch noch Hühner, die artgemäß als Nutztiere im Freien ihr Leben verbringen können, es sind die glücklichen Hühner. Diese wollen wir stellvertretend für die Gruppe der Hühnervögel in den Blick nehmen. Ich hatte in den ersten beiden Jahrzehnten meines Lebens noch täglichen Umgang mit unserem Hühnervolk. In jüngster Zeit wird die Hühnerhaltung wieder neu entdeckt, gerade für Kinder eine wohltuende und prägende Erfahrung.

Im Römischen Reich diente der erste Hahnenschrei den Menschen als ein Zeitmaß zwischen Mitternacht und Sonnenaufgang. Dem Hahn dient das Krähen weniger als Zeitansage, sondern zur Markierung seines Reviers. So ertönt der Kikeriki-Ruf nicht nur morgens, sondern zu jeder beliebigen Tageszeit. Der Hahn muss signalisieren, wer der Chef ist. Der Hahn besteht auf Vielweiberei, so, als hätte er ein Abo darauf. Monogame Beziehungen sind ihm fremd. Er liebt in erster Linie die Hühnerschar, weniger das Einzelhuhn. Während die Hühner eher dezent befiedert sind, glänzt der Hahn mit Schmuckfedern und einem prächtigen Schweif. Dazu kommen als Blickfang ein auffallend großer,

roter Kamm und rote Hautlappen am Kopf. Doch Schönheit ist nicht alles, auch bei den Hähnen nicht. Dramatische Szenen auf dem Hühnerhof habe ich in meiner Kindheit noch selbst erleben können.

Um die zehn Weibchen kann ein Hahn um sich scharen. Sind es weniger, haben die Hühner Stress mit dem Hahn, sind es mehr, hat der Hahn Stress mit den Hühnern. Doch was, wenn es mehr als einen Hahn auf dem Hühnerhof gibt? Es entspinnt sich ein

Kampf zwischen den Hähnen, bei dem die Federn fliegen. Bei diesen Hahnenkämpfen geht es hart zu. Zum Waffenarsenal gehören neben dem kräftigen Schnabel vor allem die spitzen Sporen an den Füßen über den Hinterzehen. Damit kann der Hahn drohen und notfalls auch zuschlagen, um klarzustellen, wer der Hahn im Hause ist. Es wird so lange gekämpft und aufeinander eingehackt, bis die Rangordnung geklärt ist. Diese Rangordnungen sind allerdings nicht in Stein gemeißelt und werden immer wieder infrage gestellt, vor allem von den stärksten Nachwuchshähnen. Die Hackordnung – wer oben und wer unten? – fechten nicht nur die Hähne aus. Auch in der Hühnerschar besteht eine Hierarchie. Das schwächste Huhn hat am meisten zu leiden. Es kommt als Letztes an das Futter heran, es wird am meisten gemobbt und vom Hahn am wenigsten begehrt.

Die älteren Hähne haben die besten Chancen auf erfolgreiche Kopulationen. Wenn die Rangordnung geklärt ist, laufen dem Siegerhahn mit dem prächtigsten Gefieder die meisten Hennen zu. Sie sind es auch, die die Begattung initiieren. Sie ducken sich rückwärtsgewandt vor dem Häuptlingshahn und bieten sich feil. Das Männchen hüpft auf das Weibchen, welches seinen Schwanz zur Seite dreht. Die dann freiliegenden Kloakenausgänge, die gleichzeitig die Geschlechtsöffnungen sind, werden aufeinandergepresst und die Samenzellen übergeben. Dabei packt der Hahn entschlossen mit seinem derben Schnabel die Henne am Kopfgefieder, so dockt er mit einer Art Sicherheitsleine an. Mithilfe der Flügel tariert er das labile Gleichgewicht aus, um nicht abzustürzen. Nach einer Sekunde Hochgefühl lässt sich der Hahn vom Rücken der Henne fallen und dreht eine Ehrenrunde als Schlussakkord. Auf jedem Hühnerhof ist dieser typische Paarungsakt in flagranti zu beobachten: Der Hahn tritt die Henne. Das klingt nicht gerade liebevoll und sieht in unseren Augen auch nicht besonders zärtlich aus. Kaum ist der Akt beendet, peilt der Hahn die nächste Henne an. Der Volksmund meint deshalb: Ein guter Hahn wird selten fett. Der tiefere Grund: Es ist der hohe Testosteronspiegel, der schlank macht, dies gilt für Mensch und Vogel.

Es sollte noch die Frage erlaubt sein, warum sich die allermeisten Vögel mit einer so simplen Konstruktion der äußeren Geschlechtsorgane zufriedengeben. Technisch ausgedrückt werden bei der Begattung einfach nur zwei Enden verschiedener Rohrleitungen kurz aneinandergepresst. Der Grund dafür ist, dass Vögel zwar viele Feinde, aber nur wenige Waffen zur Verteidigung haben. Deshalb lautet die Überlebensstrategie: Jederzeit fluchtbereit! Um Fressfeinden zu entkommen, müssen Vögel in jeder Lebenslage zur blitzschnellen Flucht bereit sein. Dabei wäre ein Penis hinderlich.

Vögel, egal ob in Freiheit oder als Haustier, pflanzen sich bis an ihr Lebensende fort. Die Zeugungsfähigkeit bleibt auch im hohen Alter erhalten und die nötigen Triebkräfte ebenso. Die Produktion der Sexualhormone wird in freier Natur jedes Frühjahr aufs Neue angekurbelt. Im Gegensatz zu Wildvögeln kann ein Haushuhn rund ums Jahr Eier legen, ein Ergebnis der Züchtung. Die im Körper angelegten Eizellen – rund 2000 sind beim Huhn schon mit bloßen Augen sichtbar – bieten ein schier unerschöpfliches Reservoir, das selbst beim ältesten Huhn nicht ausgeschöpft wird. Wenn 800 Eier in einem Hühnerleben zur Reife gelangen, ist das schon rekordverdächtig. Allerdings schrumpft die Lebenserwartung mit wachsender Legeleistung, also mit zunehmender Ausbeutung. Ein glückliches Huhn kann im besten Fall zehn Jahre alt werden, ein unter dauerndem Legestress stehendes Nutztier schafft es kaum auf zwei Jahre. Noch mehr als die Eizellen beim Huhn sind die Spermien des Hahnes im Überfluss vorhanden, diesbezüglich ist er ein ständig frischgebackener Millionär. Eine Verknappung der sexuellen Ressourcen tritt in der Liebeswelt der

Vögel kaum ein. Somit ist ein geruhsames Rentnerdasein bei Familie Vogel völlig unbekannt. Man zeugt Nachkommen bis an aller Lebenstage Ende!

Das Brüten übernimmt bei den Hühnervögeln allein die Henne. Da die Küken schon gleich nach dem Schlüpfen ziemlich selbstständig sind, gibt es für die Glucke nicht übermäßig viel zu tun. Der »Hahn im Korbe« übernimmt die Wächterfunktion in seinem Revier und warnt seine Hühnerschar eindringlich, wenn ein Habicht im Anflug oder ein Fuchs im Anmarsch ist. Alle weiteren Angelegenheiten werden der alleinerziehenden Henne überlassen.

Unsere Haushühner haben einen gemeinsamen Vorfahren, es ist das in Südostasien beheimatete Bankiva-Huhn. Bei dieser Hühnerart wurde ein raffiniertes Sexualverhalten beobachtet. Der Hahn behandelt nicht alle Hennen gleich, er bevorzugt seine Lieblingshennen. Die Hähne verteilen nämlich ihre Spermien in unterschiedlichen Dosierungen an die Weibchen. Gegebenenfalls halten sie sogar Spermien zurück, um diese so effizient wie möglich einzusetzen. Frische Weibchen bekommen mehr Sperma zugeteilt als Weibchen, die schon einmal begattet worden sind. Bevorteilt werden auch weibliche Exemplare, die sich durch einen besonders schönen, stark durchbluteten roten Kamm auszeichnen und deshalb gesunden Nachwuchs versprechen. Besonders großzügig besamt wird ein schönes Weibchen, wenn es kurz zuvor mit einem anderen Hahn zugange war. Damit wird ein Wettlauf der Spermien zweier Hähne im Eileiter um die Befruchtung der Eier initiiert. Nur einer kann der Gewinner sein.

Das Leben der Haushühner fand über Jahrhunderte im unmittelbaren Umfeld der Menschen statt und gehörte zum alltäglichen Anblick. Der anschauliche Vorgang der Begattung unter Haushühnern wurde im Mittelhochdeutschen mit dem Begriff

»vogelin« umschrieben. Erst viel später wurde das Wort als »vögeln« auch auf den Menschen übertragen. Für diesen Ausdruck lassen sich in der deutschen Sprache inzwischen rund 50 Umschreibungen finden. Johann Wolfgang von Goethe hat in seinem mikrokosmischen Drama aus der grobianischen Tradition *Hanswursts Hochzeit oder der Lauf der Welt* wie selbstverständlich mit diesem Begriff gearbeitet – und wurde vom Volk verstanden. Der entschlossene Hanswurst will nur aus einem Grund die Ehe mit Ursel Blandine schließen: Er möchte möglichst unkompliziert viel legitimen Sex haben können. So weit zur Herkunft des »Vögelns«.

Die meisten Hühnervögel leben polygam. Das ist die Regel, aber es gibt immer wieder auch Ausnahmen, sie machen die Beschäftigung mit Vögeln so überaus spannend. Schauen wir uns die Rebhühner auf unseren Feldern an. Die graubraunen Vögel mit dem orangebraunen Gesicht halten rein gar nichts von Polygamie und halten die Partnertreue hoch. Der Rebhahn verteidigt sein Revier lautstark und entschlossen gegen fremde Rebhähne. Lebenslang bleibt das Paar auf seinem Acker ansässig, ernährt sich saisonal pflanzlich, ergänzt von Insektenkost. Weder Fernweh noch Neugier treiben sie fort, sie wollen in der Brutzeit nicht einmal einen Nachbarn sehen und gelten in dieser Zeit als besonders kontaktscheu. So tendiert das Verführungsrisiko gegen null.

Das Rebhuhn bebrütet über drei Wochen lang bis zu 20 Eier auf einem Gelege, so viel wie keine andere heimische Vogelart. Nach dem Schlupf bleiben die Vögel in engen Familienverbänden bis ins nächste Frühjahr beieinander und bilden sogenannte Ketten. Bei einem derart reichen Kükensegen sollte es nicht verwundern, dass es noch um 1850 ähnlich viele Rebhühner wie Spatzen gab – sie waren so zahlreich, dass jeder Versuch, sie zu zählen, in einer Kapitulation endete. Ein Jäger konnte damals mit etwas Glück am Tag über 50 Rebhühner zur Strecke bringen, ohne die Bestände nachhaltig zu reduzieren. Die Lücken wurden in kürzester Zeit wieder durch Reproduktion geschlossen. Doch die Zeiten haben sich geändert. Inzwischen hat der allgegenwärtige Mangel an Insektennahrung eine Begegnung mit Rebhühnern zur Rarität werden lassen. Der Nachwuchs verhungert schlicht, wenn er nicht vom Fuchs wegen mangelnder Deckung erwischt wird.

Die wenigen Zehntausend in Deutschland verbliebenen Rebhühner – es wurde europaweit ein Rückgang um 90 Prozent innerhalb von drei Jahrzehnten ermittelt – halten weiter an ihrer Tradition fest und hoffen auf bessere Zeiten. Nur mit einer giftfreien, insektenfreundlichen Landwirtschaft sowie ausreichendem Sichtschutz durch Hecken und Feldgehölze, möglichst nach allen Seiten, fühlen sich Rebhühner wohl. Rebhuhnpaare, die den Winter gut überstehen, verzichten in den Folgejahren meist ganz und gar auf die Balz. Wozu dieses ganze anstrengende Theater, wenn die Beziehungskiste völlig geklärt ist? Die Gattin, das Rebhuhn, scheint mit dem Ende der romantischen Stunden keine Probleme zu haben.

WACHTEL – Entschieden polygam

Was wissen wir über Wachteln? Es sind die Wachteleier aus dem Supermarkt, die wir kennen, die dazugehörigen Vögel wohl kaum. Schon die alten Ägypter schätzten Wachteln und ihre Eier mit den schokofarbenen Pünktchen. Sie gehören zu den kleinsten Hühnervögeln Europas, nur etwa starengroß, und sie fallen total aus der Rolle. Als Zugvögel treibt es sie im Winter bis nach Afrika, jenseits des Äquators – für Hühnervögel völlig ungewöhnlich. Nur während der Zugzeiten sind die umtriebigen Wachteln gesellig, ansonsten gelten sie als stramme Individualisten.

Kunterbunt geht es hinsichtlich des Ehe- und Familienlebens unter den Wachteln zu. Im hohen Gras halten sie sich versteckt. Fühlen sie sich gestört, ergreifen sie zu Fuß die Flucht und bleiben so unsichtbar. Ausgestattet mit farblich unauffälligem, braun gemustertem Gefieder, bekommt man sie kaum zu Gesicht. Unverkennbar ist jedoch der dreisilbige Revierruf der Männchen, ihr »pick-per-wick«, das bis in den Sommer hinein selbst nachts weithin hörbar erschallt. Auch ich konnte mich an ihren Rufen erfreuen. In einem Getreidefeld ganz in der Nähe war ihr Stammrevier, Jahr für Jahr sandten sie ihre Botschaft, bis es eines Jahres still wurde, bedrückend still für mich, auch in den folgenden Sommern. Ich grübelte, suchte nach Erklärungen. War es vielleicht das letzte Männchen, das jahrelang bis an sein Lebensende vergeblich nach einem Weibchen rief? Oder hatte das Weibchen keinen Bruterfolg, fehlte den Küken möglicherweise die Insektennahrung? Völlig unerwartet entdeckte ich nach mehrjähriger Pause gemeinsam mit einer Hörfunkjournalistin an einem Maienabend ein neues Vorkommen mit einem Rufer von einer Brachfläche. Dort sollte es mehr Insekten geben als auf einem chemisch gereinigten Getreideacker. Vielleicht ein Neubeginn für die Wachteln?

Wenn die Wachteln im Frühling in ihrer Brutheimat eintreffen, können sich Unausgewogenheiten zwischen den Geschlechtern herausstellen. Es kann Weibchenmangel, aber auch Männchenmangel auftreten. Wie lösen die Wachteln das Problem? Es scheint in der Regel zu einer gerechten Aufteilung der Überschüsse zu kommen. Gibt es mehr Weibchen als Männchen, sind die Würfel zugunsten der Vielweiberei gefallen, denn die Männchen haben ein großes Angebot. Wimmelt es umgekehrt vor lauter Männchen, tendieren die Weibchen zur Vielmännerei. Für den Fall, dass die Zahl der Männchen und der Weibchen aufgeht, sind auch monogame Zweierbeziehungen möglich. Doch wird von dieser Möglichkeit eher selten Gebrauch gemacht.

Nicht ungewöhnlich bei Wachteln ist die Promiskuität, also der häufigere Wechsel des Geschlechtspartners. Zu diesem Durcheinander passt die Tatsache, dass Wachteln keine streng abgegrenzten Territorien, sondern nur Rufplätze haben, die immer wieder wechseln können. Unter Wachtelmännchen ist das Umherziehen weit verbreitet, man sagt, sie nomadisieren – immer auf der Suche nach einer guten Gelegenheit. Doch egal, welche Beziehungsform gewählt wird und wer die Eier befruchtet hat: Die hingebungsvolle Brut und Aufzucht der Jungvögel übernimmt allein das Weibchen. Die unsteten Männchen scheinen für diese Aufgaben ungeeignet, denn sie gelten als streitlustig und sehr eifersüchtig. Wen wundert es bei diesem Lebenswandel? Den meisten Zoff gibt es vermutlich im Falle der Vielmännerei, weil dann die Weibchen knapp sind. Tritt der umgekehrte Fall ein und fehlt es gerade an gegnerischen Kampfhähnen, kommt der Wachtelmann durchaus schon mal auf die törichte Idee, seine Aggressionen an der eigenen Partnerin auszulassen. Wenn man angesichts all dieser Verhaltensweisen bei den Wachteln überhaupt von Bindungen reden kann, dann gehören sie zu den flüchtigsten. Bereits vier Wochen nach dem Schlüpfen der Jungwachteln löst sich der Nachwuchs von der Mutter, und jeder Vogel geht seiner Wege.

In Sachen Familiengründung gehören die Wachteln zu den Schnellstartern. Innerhalb von drei Monaten nach ihrem Schlupf sind sie reif für die Fortpflanzung, sodass die Erstbrut oft schon im ersten Sommer ihres Lebens erfolgt. Bei diesem Eiltempo im Erwachsenwerden bleibt die freie, ungebundene Jugendzeit zwangsläufig auf der Strecke. Es scheint aber fast so, als würden gerade diese Vögel ihre Ungebundenheit mit ins Erwachsenendasein mitnehmen. Je flexibler die Männchen-Weibchen-Beziehungen praktiziert werden, umso nebensächlicher erscheint die Ehe-

Konstruktion. Die Vielfalt der Beziehungsoptionen wirkt endlos. Wenn Vielweiberei und Vielmännerei miteinander verknüpft werden, sprechen die Wissenschaftler von Polygynandrie, einer Wortverschmelzung aus Polygynie (Vielmännerei) und Polyandrie (Vielweiberei).

Unübersichtliche Verhältnisse ohne erkennbare Partnerbindung herrschen auch beim Wachtelkönig. Der Vogel ähnelt vom Äußeren einer Wachtel, ist aber deutlich größer, daher wird er als »König unter den Wachteln« bezeichnet, allerdings ist er nur halb so groß wie ein Rebhuhn. Er zählt nicht zu den Hühnervögeln, sondern zu den Rallen, ist aber weniger an das Wasser gebunden als andere Rallen. Zum Überleben braucht er feuchte Wiesen mit Schnecken und Würmern als Nahrung. Da er diese Bedingungen nur noch selten in unseren Flussniederungen finden kann, gilt er als hochgradig bedrohte Art. Die Winterzeit verbringt er im tropischen Ostafrika bis Madagaskar. Als Langstreckenzieher meldet er sich bei uns erst im Mai zurück, allerdings jedes Mal woanders und manchmal überhaupt nicht. Seine Wanderfreude scheint grenzenlos. Er ist von seinen Aufenthaltsorten sehr wechselhaft, und auch sonst spielt der Wechsel in seinem Leben eine große Rolle. Kaum jemals bekommt man den tarnfarbenen Gesellen zu sehen. Wie die Wachtel, so ist auch der Wachtelkönig ein heimlicher Bursche.

Wenn das Männchen aus der hohen Vegetation ruft, ist es nicht zu überhören. Seinen zweisilbigen, hölzern-schnarrenden Ruf »räpp-räpp« oder »crex-crex« trägt es in langen Rufreihen im Sekundentakt überwiegend in der Dämmerung und nachts vor. *Crex crex* lautet auch sein wissenschaftlicher Name.

Was hält ein so strikter Einzelgänger nun von der Ehe? Rein gar nichts! Mehr als die flüchtige Begattung einer Wachtelkönigin lässt so ein König an Nähe und Dauer nicht zu. Danach wandert er umgehend ab, zu weiteren Begattungen mit immer neuen

Königinnen. Man könnte dieses Verhalten als sukzessive Begattung umschreiben. Polygamie oder Vielehe wären bei diesen kurzen Kontaktzeiten schon übertrieben. Obwohl die Weibchen nach der Begattung auf den Eiern sitzen bleiben und die Fütterung und Führung der Jungen allein vollbringen müssen, machen sie sich danach wieder auf. Die Königinnen wollen den Königen um keinen Deut nachstehen und setzen deshalb auch bei der Zweitbrut auf sukzessive Begattungsakte. Freies Wahlrecht für alle, so mag ihr Motto lauten. Beide Geschlechter, Männchen wie Weibchen, verpaaren sich also mehrfach in der Saison mit wechselnden Partnern – aber immerhin mit fruchtbaren Resultaten.

GROSSTRAPPE – Leben im Harem

Trappen? »Noch nie gehört«, so etwas bekomme ich immer wieder als Antwort. Und trotzdem gibt es sie. Sie sind alles andere als eine kleine Nummer, vielmehr gehören sie zu den schwersten flugfähigen Vögeln der Welt. Die Großtrappe ist ein Vogel der Superlative. Der Hahn kann mit maximal 17 Kilogramm Körpergewicht fast dreimal so schwer sein wie eine Henne. Bei keiner anderen Vogelart ist der Größenunterschied zwischen den Geschlechtern so groß.

Mit den großen Rodungen, als unsere Vorfahren Felder und Wiesen anlegten und damit Licht und Weite in die einstigen Waldlandschaften brachten, wanderten die Vögel aus den Steppengebieten Südosteuropas kommend in Mitteleuropa ein. Noch um 1850 lebten sie in weiten Teilen von Schleswig-Holstein über Niedersachsen, Nordrhein-Westfalen und Hessen sowie im gesamten Osten der heutigen Bundesrepublik. Sie breiteten sich aus und bedienten sich an den Früchten der Felder. Es ist überliefert, dass Kinder schulfrei bekamen, um die Trappen von den Feldern zu vertreiben und die Eier einzusammeln. Die Anzahl und der Appetit der Vögel waren einfach zu groß.

Später, gegen Ende des 20. Jahrhunderts, wären sie in Mitteleuropa fast ausgestorben, nicht durch die Schulkinder, sondern durch die giftintensive Landwirtschaft. Ich habe den Niedergang eines der letzten Trappenvorkommen am Rande meines Dorfes noch erlebt. Trotz der künstlichen Aufzucht im Brutkasten und der anschließenden Fütterung der Küken mit der Pinzette von Hand brach die Population Anfang der 90er-Jahre endgültig zusammen. Die Störungen waren zu groß und die Nahrung zu knapp. Inzwischen gibt es in dieser Region einen erfreulichen Neustart, den Versuch einer Wiederansiedlung von Großtrappen.

Trappen lieben die offene Landschaft mit freier Sicht, um Störungen rechtzeitig zu erkennen. Die verbliebenen Rückzugsgebiete hierzulande haben die Trappen auf Wiesen und Feldern zwischen Elbe und Havel gefunden. Sie werden dort liebevoll umsorgt und behütet, und ihre Anzahl wächst von Jahr zu Jahr, wenn auch auf niedrigem Niveau von insgesamt annähernd 400 Individuen. Trappen gehören zu jenen Vogelarten, bei denen die Vielweiberei oder Polygynie für die Fortpflanzung obligatorisch ist. Der Hahn baut sich dafür einen Harem auf.

Die Haremskultur ist uns Mitteleuropäern sehr fremd. Das hat seinen guten Grund. Unsere traditionellen bäuerlichen Kulturen bestanden aus Großfamilien. Mann und Frau sorgten gemeinsam mit den Großeltern und den Kindern für den Lebensunterhalt der Familie. Feste, monogame Paarbeziehungen waren die Regel, man ergänzte sich in vorteilhafter Weise, ein zumeist friedliches Miteinander konnte gedeihen.

Im Nahen und Mittleren Osten dagegen wuchsen vielerorts weniger sesshafte Hirtenkulturen heran. Ackerbau war aus klimatischen Gründen oftmals nicht möglich, wohl aber Weidewirtschaft. Diese Hirtenvölker waren eher kriegerisch veranlagt, die Sieger bereicherten sich an den Verlierern. Die Kriege, die zwischen Männern geführt wurden, führten zwangsläufig zum Männermangel. Folglich waren Frauen in der Überzahl. Wenige reiche Männer und viele Frauen waren der kulturelle Nährboden für die Vielehe, für das Aufblühen der Harem-Modelle. Von König Salomon berichtet die Bibel, er habe über 700 Ehe- und 300 Nebenfrauen verfügt. Mohammed begrenzte die Zahl der Ehefrauen pro Mann auf höchstens vier, gestand sich selbst jedoch einen etwas größeren Harem von zehn Ehefrauen und zwei Konkubinen zu. Im Serail über dem Goldenen Horn am Bosporus lebten zeitweise mehr als eintausend Frauen, strengstens bewacht von eigens dazu abgestellten Eunuchen, die garantierten, dass nur *ein* fortpflanzungsfähiger Mann diese Frauen beehrte: der osmanische Sultan. Das ist Geschichte. In vielen muslimischen Ländern gilt allerdings noch bis heute die Regel, dass ein Mann sich bis zu vier Frauen leisten könne. Die Betonung liegt auf »leisten«. Entscheidend ist die Höhe seines Vermögens.

Als Europäer kennen wir das Haremsmodell bestenfalls aus dem Märchen, aus *Tausendundeine Nacht*. Vielleicht noch aus der Entführungsoper von Mozart, jedenfalls aus dem Reich der Dichtung. Mit dem wahren Leben hier und heute hat der Harem nichts gemein, denken wir. Irrtum! Der Harem ist Alltag – und zwar in der freien Natur. Vielleicht gäbe es ohne das Haremsprinzip gar keine Großtrappen? Oder nur Kleintrappen? Womöglich hat diese Grundregel die Vogelart erst so groß werden lassen? Ohne Stärke ist kein Harem zu gewinnen. Nur der größte und kräftigste Hahn gibt seine Gene weiter.

Trappen sind nicht nur große, sondern auch schöne Vögel. Das Rückengefieder ist bei beiden Geschlechtern als hübsches rostbraun-dunkelbraunes Scheckenmuster angelegt, wobei die Färbung des Hahnes intensiver ist. Ältere Hähne schmücken sich außerdem mit einem langen Federbart. Frei lebende Trappen aus der Nähe anzuschauen ist allerdings unmöglich, ihre Fluchtdistanz beträgt über 500 Meter. Die Trappen haben sich gut gemerkt, wer ihre ärgsten Feinde sind, die Erfahrungen ihrer Urahnen sind in ihrem Erbgut verankert. Sie wurden schonungslos bejagt und landeten als Braten in der Pfanne, eines meiner alten Kochbücher verrät noch das Rezept. Um dennoch Trappen in freier Wildbahn erleben zu können, wurden gut getarnte, öffentliche Beobachtungstürme eingerichtet. Die Morgen- und die Abendstunden bieten die größten Chancen für eine Trappenbeobachtung, am besten im Monat April.

Der Alltag der Großtrappen läuft bei Wind und Wetter in freier Landschaft in Gruppen ab, strikt getrennt nach Geschlechtern. Sie zählen zu den ortstreuen Standvögeln, die sich von unterschiedlichsten Wildkräutern, Samen, Früchten und Kulturpflanzen wie Klee, Luzerne und Raps ernähren. Auch Insekten und Feldmäuse gehören auf den Speiseplan. Doch im Winter, wenn eine Schneedecke den Zugang zur Nahrung erschwert, gehen sie manchmal auf Reisen, meist gen Westen in atlantisch getönte Klimazonen. So hat 2023 eine besenderte, noch junge Trappe nach Schneefall ihr Einstandsgebiet im Zerbster Land verlassen und die Winterflucht ergriffen. Sie flog viele Hundert Kilometer, vorbei an Magdeburg, Hamburg und Bremen fast bis nach Holland, hielt sich dort längere Zeit auf, um auf einer südlicheren Route in ihr Einstandsgebiet zurückzukehren. Eine andere Jungtrappe umrundete weiträumig den Harz mit einem Abstecher über Polen und den Ostseeraum. Es ist erstaunlich, wie diese Vögel sich ganz allein zurecht- und zurückfinden, wo sie doch im Brutkasten geschlüpft sind und keine Lehrmeister hatten. Kaum erklärlich ist auch, dass sich ein Vogel, dessen Körpermasse an der Grenze der Flugfähigkeit für Vögel liegt, freiwillig einer solch kräftezehrenden Abenteuerreise unterzieht. Warum sie diese Anstrengung auf sich genommen hat, bleibt wohl immer ihr Geheimnis.

Die spektakulärsten Szenen laufen zur Trappenbalz im April und Mai ab. Es sind traditionelle Balzplätze, die jedes Jahr aufgesucht werden. Hier wird die Rangordnung ausgehandelt. Jeder Hahn möchte ganz oben stehen. Nur dem Sieger über alle Nebenbuhler, dem kampfstärksten Männchen, steht die Führung der Haremshühner zu. Nur diesem einen Männchen winkt dann der Minne Lohn, ihm ordnen sich die Weibchen unter. Die unterlegenen Vogelmänner gehen leer aus.

Die dominanten Männchen spreizen ihr Gefieder, sie stülpen es förmlich um, sodass sich der braune Vogel in einen leuchtend weißen Federball vor grüner Landschaft verwandelt. Zur Steigerung der Präsentation blasen die Darsteller ihren Kehlsack auf und richten ihre Bartfedern aufwärts. Das alles kostet viel Energie, und nicht jeder Trapphahn kann diese Leistung aufbringen.

Die Herzfrequenz steigert sich zum Höhepunkt der Balz auf unglaubliche 900 Schläge pro Minute, wie durch Zeitlupenaufnahmen ermittelt werden konnte. Nur die fittesten Männchen verkraften dieses Herzrasen. Das alles geschieht ohne Lautäußerung, eine Art von Stummfilm. Um die Anbahnung der Begattung

voranzutreiben, versucht der Hahn, mit seinen Flügeln »kumpelhaft« den Hennen auf den Rücken zu klopfen. Dann wird eine Trappe nach der anderen mit den Genen des Siegers der Gruppenbalz versorgt.

Partnerschaftliches Verhalten oder gar Familiensinn sind dem Siegerhahn fremd. Der Zusammenhalt reicht nur für den Begattungsakt. Für die Hennen war's das. Sie ziehen sich zurück und suchen sich einen Nistplatz mit Nistmulde zu ebener Erde, um zwei Eier zu legen und zu bebrüten. Erfolgreiche Bruten finden gegenwärtig nur noch innerhalb umzäunter Flächen statt, wo weder Fuchs noch Waschbär oder Wildschwein Zutritt haben. Die Trappen haben rasch gelernt, dass nur ein Zaun ihren Nachwuchs vor Bodenräubern schützen kann. Die jungen Nestflüchter folgen ihrer Mutter schon nach zwei Tagen, werden aber noch von Schnabel zu Schnabel mit tierischem Eiweiß, vor allem Heuschrecken, versorgt. Mutter und Nachwuchs schließen sich bald anderen Weibchengruppen an, um in Gemeinschaft das Leben zu meistern und durch den nächsten Winter zu kommen. Im Folgejahr finden sich die Jungtrappen in Gruppen zusammen, getrennt nach Geschlechtern, wie auch bei den Hühnervögeln üblich. Junghähne und Junghennen leben auf Distanz, man geht sich aus dem Wege, zunächst jedenfalls. Bis es wieder so weit ist und eine Gruppenbalz ansteht.

Ab welchem Alter ist ein Vogel erwachsen und für das Liebesleben bereit? Im Reich der Vögel ist das sehr verschieden. Ein Extremfall liegt bei den Großtrappen vor. Junge Trapphähne sind erst ab dem fünften bis sechsten Lebensjahr geschlechtsreif, Trapphennen schon ab dem zweiten Lebensjahr. So sollte es nicht verwundern, dass auf den Balzplätzen die Weibchen zahlenmäßig viel stärker vertreten sind. Auch bei anderen Großvogelarten müssen sich vor allem die Männchen viele Jahre in Geduld üben. Ganz ungeduldig erscheinen im Vergleich dazu die Kleinvögel, wenn es um den Eintritt ins Liebesleben geht. Das müssen sie auch sein, denn ihre Lebensuhr läuft viel rascher ab. Im Frühreife-Vergleich liegen die Kleiber ganz vorn. Sie scheinen dem alten deutschen Sprichwort zu folgen: »Jung gefreit hat nie gereut«, und wollen keinen Tag länger als nötig unverpaart dahinleben. Schon zwei Wochen nach ihrem Ausfliegen finden sich Männchen und Weibchen zusammen – größtenteils mit bleibendem Erfolg.

Eile ist auch deshalb geboten, weil weit über die Hälfte der Singvögel, mitunter sogar drei Viertel, schon im ersten Lebensjahr sterben, also vor der Geschlechtsreife. Häufig führen Arglosigkeit und Unerfahrenheit zum frühzeitigen Tod, entweder durch Gefressenwerden oder durch fahrende Autos, deren Geschwindigkeit die Vögel oft nicht gewachsen sind. Zehn Millionen Vögel kommen in Deutschland jährlich unter die Räder oder prallen gegen die Frontscheibe. Noch mehr Exemplare verlieren an Glasfassaden ihr Leben. Die überlebenden kleinen Singvögel müssen sich zur eigenen Arterhaltung sputen, ihre Lebenserwartung liegt im Schnitt bei etwa drei Jahren. Bis dahin muss für ausreichend Nachwuchs gesorgt werden.

Auch wenn uns die Lebensdauer vieler Singvögel kurz erscheint: Vögel leben dreimal länger als gleich große Säugetiere. Diesen Glücksumstand haben sie ihrem Flugvermögen zu verdanken. Wer fliegen kann, entkommt leichter den Fressfeinden.

SCHNEPFE – Fliegender Wechsel

Als ausgesprochen flotte Flieger gelten Schnepfenvögel. Mit ihren langen, spitzen Flügeln sind sie ausgewiesene Vielflieger und Fernreisende. So ist es kein Zufall, dass eine Pfuhlschnepfe Inhaberin des Nonstop-Flugweltrekordes ist. Mit einem Minisender ausgerüstet, flog ein solcher Vogel im Herbst 2022 über 13 500 Kilometer von Alaska quer über den Pazifik nach Tasmanien im Süden Australiens – ohne auch nur einmal aufzutanken. Er verlor dabei die Hälfte seines Körpergewichts. Zugvögel sind in der erstaunlichen Lage, für derartige Höchstleistungen auch ihre Verdauungsorgane, die Geschlechtsorgane, ja, selbst einen Teil ihres Gehirns zurückzubauen und biologisch zu verbrennen, um daraus Energie zu gewinnen. Ist der Vogel am Ziel angekommen, beginnt der Wiederaufbau seiner Organe mithilfe erneuerbarer Energien in Form von Futter. Diese geniale Strategie, die kaum zu toppen ist, verdient den höchsten Effizienzpreis.

Doch nicht nur im Orts-, auch im Partnerwechsel sind Schnepfen rekordverdächtig. Wer ein flottes Dasein führt, scheint leicht und unbeschwert zu leben, ausgelassen und manchmal auch übermütig. Das sind die Sonnenseiten. Doch wo Sonne ist, ist auch Schatten, und die Grenzen können fließend sein: Aus leicht und locker wird allzu leicht auch leichtsinnig und leichtlebig. Die Schattenseiten der Schnepfen: In der Bindungsstärke rangieren sie auf abgeschlagenen Plätzen. Als ausgesprochen bindungsscheu erweisen sich die knapp taubengroßen, herbstlaubfarbenen und fein gemusterten Waldschnepfen, auch als »Vögel mit dem langen Gesicht« bezeichnet. Sie sind sehr scheu, verstecken sich am Tage und werden erst in der Dämmerung aktiv. Jedes ihrer seitlich platzierten Augen hat einen Blickwinkel von 180 Grad, sodass der Rundumblick permanent gegeben ist. Mit ihrem auffallenden, sieben Zentimeter langen Schnabel stochern sie im feuchten Waldboden, um Regenwürmer und andere kleine Bodentierchen aufzufinden. Lichte Wälder sind ihr Lieblingsrevier. Eben dort stellten ihnen die Jäger lange Zeit mit großer Leidenschaft nach. So heißt es in einem Volkslied: »Die Schnepf' im Zickzackfluge treff' ich mit Sicherheit!« Erst im allerletzten Moment fliegen diese Vögel mit burrendem Flügelschlag auf, denn sie vertrauen auf ihre nahezu perfekte Tarnung. In diesem Augenblick fiel gewöhnlich der Schuss. Und des Jägers Begehr? Wie alle Vögel sind auch Schnepfen, die immerhin bis zu 400 Gramm auf die Waage bringen können, wohlschmeckend und nahrhaft. Vor allem aber der Darminhalt dieses Vogels, der sogenannte Schnepfendreck, galt unter manchen Jägern als besondere Delikatesse. Die Jagd hat dazu beigetragen, dass die Waldschnepfe zu einem recht seltenen Vogel geworden ist.

Man muss die Abenddämmerung im Frühling abwarten, um eine Waldschnepfe in Aktion zu erleben. Das Männchen kontrolliert auf seinen waagerechten Balzflügen in Wipfelhöhe sein Revier und dreht dabei eine Viertelstunde lang immer wieder die gleichen Runden entlang von Lichtungen und Waldschneisen. Dieser festgelegte Kurs wird als »Schnepfenstrich« bezeichnet. Durch diesen Schauflug, begleitet von drei bis vier grunzenden Tönen, gefolgt von einem hohen, explosiven Laut, gelingt es dem Männchen, nach und nach bis zu vier Weibchen anzulocken, zu begatten und zum Brüten auf dem Waldboden einzuladen. Von Brutpaaren kann allerdings nicht gesprochen werden. Sind die jeweiligen Gelege mit gewöhnlich vier Eiern komplett, zieht sich das Männchen zurück. Die Beziehungen sind überwiegend flüchtiger Natur und fallen in die Kategorie der Promiskuität. Promiske Paarungssysteme sind typisch für Schnepfenvögel. Die Sorge um den Nachwuchs ist allein Sache des Weibchens. Es füttert die Jungen, und bei drohender Gefahr gibt es Warnrufe von sich. Schleicht sich ein Fuchs oder Marder an, täuscht es eine Verletzung und Flugbehinderung vor und leitet so den hungrigen Räuber von den Küken fort.

Äußerst widersprüchliche Beziehungen praktizieren die gleichfalls zu den Schnepfenverwandten gehörenden, auch als »Himmelsziegen« bekannten Bekassinen. Es ist eine auffallend langschnäblige, drosselgroße Art, die wie alle Watvögel gern schlammige Flächen aufsucht, um im weichen Untergrund nach Leckerbissen zu stochern. Wie auch andere Watvögel haben Bekassinen eine mit vielen Sensoren bestückte, bewegliche Schnabelspitze. Man kann es kaum glauben: Sie können den vorderen Oberschnabel aufbiegen und so die Beutetiere unterirdisch fassen und gleichzeitig verschlucken. Mehr als ein Viertel der Körperlänge entfällt auf den Schnabel, er ist doppelt so lang wie der Kopf des Vogels und ein hervorstechendes Merkmal der Bekassine, die ansonsten durch ihr braunes Streifenmuster gut getarnt ist.

Noch Mitte des 19. Jahrhunderts war der Vogel so häufig, dass ein Jäger pro Tag bis zu 80 Bekassinen als Beute vorzeigen konnte. Heute ist der Vogel in Deutschland vom Aussterben bedroht, vor allem, weil ihm in seinen ursprünglichen Lebensräumen das Wasser abgegraben wurde. Im Sozialkontakt zeichnen sich Bekassinen durch recht merkwürdige Verhaltensweisen aus. Es ist eine Mischung aus sehr ungezügeltem und geordnetem Benehmen. Die Männchen kommen im Frühjahr aus ihren wärmeren Überwinterungsgebieten zwei Wochen vor den Weibchen im Brutgebiet an. Moore und nasse Wiesen sind ihr Lebensraum. Dort vollführt das Männchen einen imposanten Balzflug in weiten Kreisen und Spiralen. Man sagt, der Vogel »himmelt«. Dem Aufstieg bis auf 50 Meter Höhe folgt ein steiler Sturzflug, begleitet von einem anschwellenden Meckern – daher der Name Himmelsziege. Dieser durchdringende, wummernde Klang, ein Instrumentallaut, wird durch die Luft-Vibration an den abgespreizten äußeren Schwanzfedern ausgelöst. Selbst akrobatische Purzelbäume scheut das Männchen nicht. Dieser himmlischen Show können sich die Weibchen kaum entziehen, sie werden magisch angezogen. So, als hätten sie ewig keinen Mann mehr gesehen, was ja auch stimmen mag, kopulieren die Weibchen nach ihrer Ankunft ganz spontan mit mehreren Männchen. Nach dieser ungestümen Begrüßungszeremonie scheinen sie sich zu zügeln und landen im Revier des auserwählten Männchens. Den Nistplatz im sumpfigen Gelände wählt das Weibchen gut versteckt zwischen Gräsern und Zwergsträuchern aus.

Die dreiwöchige Brut übernimmt allein das Weibchen, das Männchen hält Wache in der Nestumgebung, sucht aber auch immer wieder nach Möglichkeiten zu Nebenbei-Begattungen. Die schlüpfenden Jungen stammen nach dem wilden Treiben ganz sicherlich nicht nur vom wachhabenden Vater ab. Ob das Männchen den Braten riecht und die fremden Jungen im Nest erkennt, blieb bisher dem menschlichen Erkenntnisdrang verschlossen. Sicher ist, dass spätestens nach Abschluss der Brutzeit jeder Vogel wieder seiner ganz eigenen Wege fliegt. Eine für Vögel eher seltene Fähigkeit praktizieren Bekassinen bei nahender Gefahr. Blitzschnell können sie mit dem langen Schnabel ihre Küken an den Bauch drücken und fliehen, wenn nötig sogar als Luftfracht befördern und in Sicherheit bringen.

MAUERSEGLER – L(i)eben im Schweben

Manchmal, mitten im Frischverliebtsein, fühlen wir uns wie im siebten Himmel. Schwerelos. Erfahrungsgemäß hält dieser Schwebezustand nicht ewig an, und der Mensch landet irgendwann wieder auf dem harten Boden der Tatsachen. Anders im Leben der Vögel. Sie haben den Himmel für sich gepachtet. Es ist ihr ganz realer und nicht nur gefühlter Aufenthaltsraum. Ihr Gefieder in Verbindung mit ihrer Leichtbauweise ermöglicht das Fliegen und Schweben. Im Luftraum machen sie mit Schauflügen auf sich aufmerksam. Hoch oben wird getändelt und geneckt. Aber wenn es ernst wird und der Begattungsakt ansteht, begeben sie sich auf sicheres Terrain. Um kein Absturzrisiko einzugehen, landen sie zuvor auf Bäumen, auf dem Erdboden oder auf dem Wasser. Eine einzige Vogelart macht allerdings eine Ausnahme, es ist der Mauersegler. Er liebt die luftigen Höhen so sehr, dass er sogar die Liebe in den Himmel verlegt hat.

Seine Urheimat liegt in felsigen Gebirgen. Im Mittelalter entdeckte er die Burgen des Flachlandes und entwickelte sich allmählich zum Kulturfolger. Heute ist der Mauersegler ein anerkannter Mitbewohner in unseren Städten, Kunstfelsen ersetzen Naturfelsen. Wir erkennen ihn, wenn er mit seinen sichelförmigen Flügeln um die Häuserecken saust. Er sieht den Schwalben ähnlich, ist jedoch deutlich größer und durchweg schwarzbraun gefärbt, ohne helle Unterseite wie die Schwalbenarten. *Apus apus* nannte ihn Carl von Linné, übersetzt bedeutet dies der »Fußlose«. In der Tat besitzen Mauersegler nur noch rudimentäre Stummelfüße, für das Landleben sind sie ungeeignet. Ihr Laufstil ist eidechsenartig. Entgegen landläufiger Meinung können gesunde Tiere mühelos auch vom Boden aus starten, indem sie sprunghaft ein paar Schritte Anlauf nehmen. So jedenfalls berichten führende Mauersegler-Experten aus Frankfurt/Main.

Mauersegler haben die längste Zeit in ihrem Leben keinen festen Wohnsitz. Sie leben interkontinental und erledigen alles Lebensnotwendige im grenzüberschreitenden Luftraum: Essen, Trinken, Schlafen, Kommunizieren, Überwintern, die Gefiederpflege, die Notdurft und manches mehr. Mit Ballons, Flugzeugen und Radar, später mit Bewegungssensoren und Datenloggern hat man versucht, dem Dauerflieger auf die Schliche zu kommen. Sein Nachtleben galt lange Zeit als geheimnisvoll und sein Liebesleben erst recht. Da sie tagsüber durch die Lüfte segeln und in der Abenddämmerung bis zur Unsichtbarkeit aufsteigen, nahmen unsere Vorfahren an, dass sie ihre Nachtruhe auf dem Mond hielten. Tatsächlich verbringen sie ihre Nachtruhe in zwei bis drei Kilometern Höhe im Luftraum frei schwebend bei etwa 25 km/h. Sie reduzieren ihren Flügelschlag und gleiten überwiegend, solange die Thermik, die aufsteigende Warmluft, es zulässt. Gegen Morgen müssen sie ihren Flügelschlag intensivieren. Vermutlich handelt es sich um eine Art Halbhirnschlaf. Dabei bleibt eine Hirnhälfte wach und das entsprechende Auge offen. Das erlaubt den schlafenden Vögeln, im Flug weiterhin zu navigieren. Zusammenstöße sind freilich höchst unwahrscheinlich. Äußerst kurz ausfallen dürfte für Mauersegler der Traumschlaf, auch REM-Schlaf genannt, der ja durchaus Bestandteil des allgemeinen Vogelschlafes ist. Wir wissen es aus eigener Erfahrung: In der Traumphase lässt die Muskelspannung nach. Werden wir mitten aus einem Traum gerissen, fühlen wir uns bleiern schwer und unbeweglich. Unser Glücksumstand: Im Bett kann nichts Schlimmes passieren. Wer aber im Luftraum länger träumt, könnte wie ein Stein absacken und im senkrechten Sturzflug knallhart auf dem Boden landen. Aus Schlaflaboruntersuchungen wissen wir, dass auch Vögel regelmäßig träumen, wenn auch nur relativ kurz und mit festem Boden unter den Füßen. Für Mauersegler im freien Flug ist die Sache mit dem Träumen komplizierter, und wenn schon, dann sollten es ultrakurze Träume sein. Denkbar wäre auch entsprechend zum Halbhirnschlaf der Halbhirntraum – aber das ist reine Spekulation.

Nicht alle Mauersegler nächtigen konsequent in der Luft. Einige verbringen die Schlafenszeit in der Höhle, das ist entschieden erholsamer und energiesparender dazu. Warum dennoch viele Mauersegler ihre Nachtruhe fliegend verbringen, ist noch nicht endgültig geklärt. Möglicherweise können sie dadurch dem driftenden, günstigsten Nahrungsangebot in den jeweiligen Luftschichten folgen.

Auch die Partner- und Höhlenwahl praktizieren die Mauersegler weitgehend im Flugmodus. Sie klopfen (touchieren) kurz an einen Bruthöhleneingang und nehmen das Echo entgegen. Klingt es nach einem hellen »swii«, wird der Brutplatz von einem Weibchen bewohnt, bei einem tieferen »rii« haust darin ein Männchen. So erfährt ein Suchender rasch, ob ein möglicher Kandidat zur Gründung einer Familie vorhanden ist. Tönt es im Duett »swii-rii«, stammt es von einem Pärchen. Mit diesem Verfahren im »Vorbeiflug« ist es möglich, ohne zeitaufwändige Höhlenbesuche die verfügbaren Ressourcen vor Ort zu erkunden.

Viele offene Fragen gibt es auch nach wie vor bei der zweiten beobachteten Spezialität der Mauersegler: dem Kopulieren in der Luft, »on the wing«. Zwar sorgen Mauersegler auch in Mauer- und Felshöhlen für Nachwuchs. Doch mindestens genauso beliebt scheint bei ihnen Sex in der Luft zu sein, besonders bei schönem Wetter. Und das geht so: Das Weibchen bremst seinen Geradeausflug und beginnt mit den Flügeln zu zittern. Das nachfolgende Männchen landet auf dem Rücken seiner Auserwählten und krallt sich im Gefieder fest. Bei dieser nicht ganz einfachen akrobatischen Nummer verlieren die beiden Dauerflieger an Höhe, ihre Flügel ruhen. Nach zwei bis vier Sekunden ist es geschafft, Wiederholungen können mehrfach erfolgen. Ob die Paarung auf festem Boden oder in der Luft für die Segler schöner ist, wissen wir nicht. Auch über das Motiv dieses sonderbaren Verhaltens wird weiter gerätselt.

Genaueres ist über die Partnertreue bekannt. Obwohl die Mauerseglerweibchen als flinke Flieger durchaus mal schnell um die Ecke sausen könnten, um ein fremdes Männchen zu einem Huckepack-Flug einzuladen, wird von dieser Möglichkeit praktisch kaum Gebrauch gemacht. Die Mauersegler gehören zu den treuesten Vögeln. Es gibt, bislang zumindest, keine Hinweise dafür, dass sich Seglerweibchen auf fremde Männchen einlassen. Auch wenn sich die Partner immer wieder auch über längere

Zeiträume aus den Augen verlieren – sie leben sowohl in sozialer als auch in sexueller, monogamer Dauerehe.

Die sagenhafte Treue der Mauersegler umfasst selbst ihren Brutplatz, an den sie Jahr für Jahr zurückkehren. Die Brut findet in Nischen alter und hoher Gemäuer, auch von Industrie- und Bahnhofsgebäuden, meist in Kolonien statt. Werden diese Altbauten jedoch saniert oder die Einflugschlitze dicht gemacht, »stehen« die Segler vor verschlossenen Türen. Passende Nistkästen ab einer Höhe von mindestens sechs Metern werden ersatzweise auch an Wohnhäusern gern angenommen. Beim Brüten wechseln sich Männchen und Weibchen ab. Setzt im Mai eine Schlechtwetterperiode ein und die Insektennahrung geht aus, verlassen die Altvögel ihr Zuhause, um nicht zu verhungern. Erstaunlich ist, dass sie die Wetterflucht schon antreten, wenn die Kaltfront noch Hunderte Kilometer entfernt ist. Offenbar verfügen Mauersegler über Wettervorhersage-Qualitäten.

Die Eier der Mauersegler sind gegen Kälte resistent, auch wenn sie schon angebrütet sind. Wie bei keiner anderen Vogelart kann sich durch Wetterfluchten die Brutzeit um beinahe zehn Tage verlängern. Sind die Jungen schon geschlüpft und eine Kältewelle droht, lässt sich der Nachwuchs in eine Kältestarre fallen, von 40 Grad Celsius auf minimal 20 Grad Celsius Körpertemperatur, eine Art Energiesparprogramm. Herzschlag und Atmung werden reduziert, Körperfett abgebaut. Wenn die Nestlinge schon befiedert sind, können sie so ein bis zwei Wochen in der Hungerstarre überstehen. Je kühler die Periode, desto länger kann das Heranwachsen dauern, bis zu sieben Wochen.

Ein Brutpaar sammelt pro Tag mit weit aufgerissenem Schnabel rund 20 000 Fluginsekten. Das nahrhafte Futter wird in geformten, haselnussgroßen Kugeln übergeben. Unter günstigen Bedingungen verzwanzigfacht sich das Gewicht der Jungvögel innerhalb von drei Wochen, damit sind sie um 50 Prozent schwerer als ihre Eltern. Um überhaupt fliegen zu können, muss anschließend tüchtig gefastet werden. Mit einer Art von »Liegestützen« trainieren sie ihre Flugmuskulatur. Nach erstmaligem Ausfliegen verbringen die Jungen schon die erste Nacht im Luftraum und kehren nicht wieder zurück.

Im Hochsommer gegen Ende der Brutperiode laufen die beeindruckendsten Szenen im Leben der Mauersegler ab. Es sind die Screaming-Partys, die Schrei-Partys. Vor allem in den Abendstunden bei gutem Wetter fliegen die geselligen Vögel Jung und Alt gemeinsam in rasender Geschwindigkeit an ihren Nistplätzen vorbei und stoßen aneinandergereihte hohe, schrille »srieh«-Töne aus, die selbst den Verkehrslärm übertreffen können. Diese komplexen Flugmanöver dienen wahrscheinlich der sozialen Synchronisation, dem Zusammenwachsen der Gemeinschaft. Danach erfolgt meist der abendliche Steigflug in größere Höhen. Die wildesten Partys sind Ende Juli kurz vor dem Abflug der Segler in den Süden zu bestaunen. Die Familien lösen sich komplett auf. Die Männchen starten vor den Weibchen Richtung Süden. Der Jahresflugplan ist stringent geviertelt: Den drei Monaten Aufenthalt im Brutgebiet folgen drei Monate Reisezeit gen Süden, dort schließt sich ein dreimonatiger Aufenthalt an, und für die Rückreise sind wiederum drei Monate eingeplant. Afrikanischen Boden betreten sie zu keiner Zeit, sie kreuzen lediglich den tropischen Luftraum, und zwar immer dort, wo es jeweils das größte Insektenangebot gibt.

STURMVOGEL – Fernbeziehung

Sie in Berlin, er in Zürich? Wie soll das funktionieren, und kann das gut gehen? Es geht, und es wird hunderttausendfach praktiziert – als Fernbeziehung. Die Arbeit trennt, die Liebe verbindet. Die Alltagsroutine bleibt draußen. Die gemeinsame Zeit ist zu kostbar, um sich auf die Nerven zu gehen. Also alles prima? Nicht wirklich. Die weite Entfernung stört, mitunter fehlt die Nähe, wenn man sie gerade sucht, und die Sehnsucht, sie schmerzt. Es ist das moderne, mobile Zeitalter, man mag es beklagen oder begrüßen. Doch neu sind Fernbeziehungen keinesfalls. Schauen wir in die Vogelwelt.

Sturmvögel leben über den Wellen des Meeres und gelten als wahre Weltumsegler. Die mittelgroßen Hochseevögel gibt es auf allen Ozeanen der Welt, und sie haben global gesehen die größte Verbreitung aller Vogelfamilien. Außerhalb der Brutzeit verbringen sie ihr Leben ausschließlich auf hoher See. Mit ihren langen, spitzen Flügeln fliegen sie den Fischschwärmen hinterher, wie auch manche Fischfangflotten weite Wege auf sich nehmen müssen. Nur sind die Vögel um ein Vielfaches schneller und wendiger bei der Suche nach frischem Fisch, den sie mit ihren scharfkantigen Schnäbeln aufschnappen wollen.

Es ist ein grundlegender Irrtum, zu glauben, dass es dort, wo Wasser ist, nur so von Fischen wimmelt. So ist es nicht. Das Meer ist leer. Nur hier und dort gibt es Fisch in Schwärmen, weite Teile des Meeres sind überfischt. Dagegen wächst das »Angebot« an Plastikmüll. Riesige Teppiche finden sich inmitten von Meeresstrudeln im Pazifik, im Atlantik und im Indischen Ozean. Dieser Wohlstandsmüll wird durch die UV-Strahlung der Sonne allmählich zu Mikroplastik zersetzt und von den Seevögeln als Nahrung angesehen. Auch Vogelküken werden damit gefüttert. Die Folge: Die Vögel verhungern bei vollem Magen. Ein internationales Forscherteam hat nun herausgefunden, warum Vögel auf den Plastikmüll hereinfallen. Es ist das Dimethylsulfid, eine chemische Verbindung, die an den Plastikpartikeln ebenso haftet wie an Plankton und anderen Meerestieren wie den Krillkrebsen, einer Lieblingsspeise der Seevögel. Es ist ein verführerischer, appetitanregender Duft für sie.

Eine andere Studie hat herausgefunden, dass Plastikaufnahme im Magen der Seevögel zu Entzündungen und Verhärtungen des Bindegewebes mit Narbenbildung, zu sogenannten Fibrosen, führt. Diese neue, durch Plastik verursachte Krankheit erhielt den Namen »Plastikose«.

Was den Vögeln und nicht zuletzt auch uns Menschen helfen könnte, wäre Plastikvermeidung, zumindest ein anderer Umgang damit, im geschlossenen Kreislauf. Die ersten internationalen Vereinbarungen sind auf den Weg gebracht, und manche Länder haben bereits ein Verbot von Plastikverpackungen verfügt. Für mich persönlich ist das Leid der Seevögel ein weiterer Grund, Plastik wo immer möglich zu vermeiden.

Ohne Frage: Seevögel brauchen Fisch zum Überleben. Für die lachmöwengroßen Atlantiksturmtaucher, die zur Familie der Sturmvögel gehören und am weitesten nördlich leben, ist es auf hoher See kein besonderer Akt, eben mal eintausend Kilometer zu fliegen. Die Flugfertigkeiten der oberseits schwarz und unterseits weiß gefärbten Vögel sind verblüffend. Bei Sturm sind sie fast nur im energiesparenden Gleitflug durch die Wellentäler unterwegs. Erst wenn der Kropf gefüllt ist, geht es wieder heimwärts zur Brutkolonie. Das aber kann dauern, Stunden, Tage, eine Woche.

Männchen und Weibchen der Sturmtaucher bebrüten gemeinsam ein einziges Ei, und das ganze sieben Wochen lang. Das Nest liegt in einer selbst gegrabenen Erdhöhle versteckt auf einer grasbewachsenen Klippe. Ein Partner brütet, der zweite geht auf

Fischfang, danach wird gewechselt. Die Brutablösung und damit das Wiedersehen erfolgen meist nach rund einer Woche, so etwas wie eine Wochenendbeziehung. Da heißt es Geduld und Ausdauer aufbringen. Es können aber auch schon mal drei bis vier Wochen bis zur Rückkehr vom Fischfang vergehen. Seemannsfrauen kennen das, mit dem kleinen Unterschied, dass sie über den Zeitplan und die Koordinaten des aktuellen Aufenthaltes ihrer Seemänner genau informiert sind. Sturmtaucher haben keine Informationen über den Aufenthaltsort ihres Partners. Ob sie sich manchmal Sorgen machen?

Um von Fressfeinden nicht gesehen zu werden, wird der Brutplatz nur nachts und möglichst nicht bei Vollmond aufgesucht. Normalerweise sind Sturmvögel eher schweigsam. Was sollen sie auch in den Weiten des Ozeans herumschreien? Das hört ja eh keiner und wäre die reinste Energieverschwendung. Mit der Heimkehr wird aber alles anders. Die Freude des Wiedersehens wird von unheimlich anmutenden, viersilbig-rhythmischen und laut jaulenden Rufen begleitet. Diese das Trommelfell beeindruckenden nächtlichen Konzerte haben dem Sturmtaucher den Namen Teufelsvogel eingebracht. Im Schutze ihrer Höhlen wird dann kopuliert und inbrünstig im Duett getönt. Kein Wunder, nach so langer Zeit der Trennung.

Lange Trennungen sind schädlich für den Paarzusammenhalt, sagt man. Ist aber permanente Nähe zwangsläufig eine Liebesgarantie? Sturmtaucher beweisen, dass auch eine Fernbeziehung lange Bestand haben kann. Sie leben in monogamer Dauerehe, halten sich und dem Brutplatz die Treue. Als waschechte Zugvögel umsegeln sie auf ihren Winterausflügen den Ozean. Bis zu 65 000 Kilometer können die Seevögel in einer Saison zurücklegen, und doch kehren sie immer wieder zu ihren Bruthöhlen auf den Atlantikinseln zwischen Wales, Schottland und den Hebriden zurück, wenn es um die Liebe und die Fortpflanzung geht.

Mit 55 Jahren hat ein Sturmtaucher in Schottland gar einen Altersrekord unter den Vögeln in Freiheit aufgestellt.

Die Sturmtaucher bringen trotz Fernbeziehung gesunde und lebenstüchtige Vogelkinder zur Welt, wenn auch nur eines pro Brutsaison. Dieser eine Jungvogel ruft die Eltern immer wieder ans Nest. Um diese Betreuungszeit für beide Partner erträglich zu gestalten, wurde eine faire Arbeitsteilung vereinbart. Sechzig Tage lang wird der Nestling im Wechsel durchgefüttert, bis er rund und dick ist. Die gut genährten, fetten Nestlinge galten lange Zeit als Delikatesse nordischer Küstenbewohner. Sie wurden wegen ihres bekömmlichen Fleisches »Muttonbirds« genannt, was so viel wie »Hammelvögel« bedeutet. Auf den Färöern werden bis heute jährlich einige Tausend Jungvögel legal gesammelt. Die Bestände sind nicht bedroht.

Wenn die 60 Tage Elternzeit abgelaufen sind, reisen diese ab und lassen ihren noch hilflosen Sprössling allein zurück. Dieser hungert sich acht Tage oder länger durchs Leben, er magert dabei merklich ab, bis er endlich die Leichtigkeit zum Fliegen erreicht hat. Ein herzloser Umgang mit dem eigenen Nachwuchs? Die Methode hat sich bewährt. Die Loslösung der Jungen von den Alten ist für beide Seiten ein lebenswichtiger Lernvorgang. Er führt dazu, Mut zum Loslassen und zum eigenständigen Leben zu fassen. Bei den Seevögeln gelingt es auf beeindruckende Weise. Die Sturmvögel sind keineswegs ein Einzelfall für funktionierende Fernbeziehungen. Ganz ähnliche Lebensgeschichten haben die Albatrosse zu erzählen.

EISVOGEL – Zweckehe

Einem Eisvogel zu begegnen hat viel mit Glück zu tun. Immerhin gibt es in Deutschland über 10 000 Brutpaare, sie halten sich an naturnahen Flüssen, Bächen und Seen auf, eben dort, wo es auch uns Menschen oft hinzieht. Doch mit nur 16 Zentimetern Länge ist der Eisvogel eher ein kleiner Wicht und dazu auch noch rasend schnell unterwegs. Ansonsten hält er sich zurück, hockt einsam, still und geduldig auf einem Ast und wartet ab. Er ist ein vielfach abgebildeter Vogel, und dennoch bekommen wir ihn nur selten in natura zu Gesicht.

Die Farbkomposition des Eisvogels ist einmalig. Je nach Lichteinfall schillert sein Mantel im kühlen Kobaltblau bis Türkisgrün, die Unterseite leuchtet hingegen orangerot bis kastanienbraun. Eine derart exotische Farbenpracht mag man in Mitteleuropa kaum vermuten, man nennt ihn deshalb auch »Fliegender Edelstein«. Warum heißt der Eisvogel Eisvogel? Dazu gibt es eine Reihe von Erklärungsversuchen, ohne es genau zu wissen, wie der Name zustande gekommen ist. Sein Gefieder hat den metallischen Glanz des Eisens, und er könnte deshalb einst »Eisenvogel« genannt worden sein. Im Winter ist er bei Eis und Schnee an offenen Bächen und Flüssen beim Fischfang zu erleben. Wahrscheinlich entstammt sein Name aber aus dem althochdeutschen »eisan«, was »schillern« bedeutet.

Der Eisvogel ist eine kühle Natur. Am liebsten lebt er ganz für sich, hockt stundenlang scheinbar meditierend auf ein und demselben Ast am Wasser. Begegnungen mit Artgenossen sind höchst unwillkommen. Dringt ein Rivale in ein schon besetztes Eisvogelrevier ein, ist zunächst Drohung, manchmal auch Kampf angesagt. Sie packen sich gegenseitig am spitzen Schnabel und zerren sich hin und her. Der Unterlegene zieht sich unverletzt zurück, der Abstand ist wiederhergestellt.

Auch kühle Naturen müssen sich fortpflanzen. Wie stellen sie das an, wo sie doch scheinbar nicht für ein Leben zu zweit geschaffen sind? Ab Februar werden die einsam durch den Winter fliegenden Individualisten unruhig. Es ist ein stimulierender Hormoncocktail, der durch das höhere Lichtangebot im Körper des Vogels ausgeschüttet wird. Dadurch angetrieben streifen sie laut rufend an Gewässern entlang, bis sich ein ebenso suchender Partner findet. Nun gilt es, die ausgeprägten und dennoch ganz natürlichen Hemmungen abzubauen. Dazu dienen zunächst die rasanten Verfolgungsflüge schnurgerade über dem Wasserspiegel. Auch mit Schaukelbewegungen versucht sich das Männchen interessant zu machen. Gesungen wird bei Eisvögeln nicht, es sind keine Singvögel, und es würde auch nicht zu ihrem Naturell passen. Aber es wird zumindest kurz gepfiffen, beim Zusammentreffen sogar im Wechsel. Besonders heftig ruft das Männchen zur Balzzeit »tieht-tieht«. Doch das genügt nicht. Um ein Weibchen für sich zu begeistern, greift das Männchen zu einem bewährten Trick: Es fängt einen fingerlangen Fisch, um ihn mit einer Verbeugung als Brautgeschenk zu überreichen. So wird versucht, Misstrauen und aggressives Abwehrverhalten zu überwinden und sich aneinander zu gewöhnen. Hat das Männchen Glück, nimmt das Weibchen das nahrhafte Angebot mit zitternden Flügeln entgegen. Diese Balzfütterung ist für den Aufbau einer Paarbindung ein entscheidender Schritt. Sie hilft dem Weibchen bei der Beurteilung des Partners und seiner Fähigkeiten, eine sichere Versorgung zu gewährleisten.

Das gegenseitige Kennenlernen setzt sich mit dem gemeinsamen Bauen der Niströhre fort. Durch Picken und Scharren wird die meterlange Höhle leicht ansteigend in die senkrechte Wand des steilen Ufers getrieben, an deren Ende ein runder Kessel geformt wird, das künftige Nest für die Brut. Macht das Bauvorhaben gute Fortschritte, setzen die Begattungen ein. Dazu nimmt das Männchen nach einer Beuteübergabe eine Imponierstellung ein, bei der es mit angelegtem Gefieder aufgerichtet sitzt und die Flügel nach vorn sinken lässt. Dann fliegt das Männchen um das Weibchen. Dies zeigt seine Paarungsbereitschaft durch Rufe an und legt sich fast waagerecht auf den Ast, sodass das Männchen auf dem Rücken der Partnerin landen kann. Blitzschnell greift es mit dem Schnabel in die Kopffedern des Weibchens und hält mit den Flügeln das Gleichgewicht. Die Eisvogelbegattung dauert einige wenige Sekunden. Danach wird meist gemeinsam gebadet. Derartige Begattungsakte können mehrmals am Tag stattfinden.

Der weitere Ablauf im Eisvogelsommer ist vor allem von Fleiß und Routine geprägt. Beide Altvögel wärmen im Wechsel fast drei Wochen lang das Gelege mit sechs bis acht Eiern bis zum Schlupf, und beide füttern mit kleinen Fischchen, Amphibien und Insekten. Der Fischfang ist ein besonderes Schauspiel: Schnell wie ein Blitz stürzt sich der Vogel von seiner Sitzwarte am Gewässerrand kopfüber mit geöffneten Augen ins Wasser. War der Versuch erfolgreich, wird der Fisch zur Betäubung mehrfach gegen einen Ast geschlagen, erst dann wird er mit dem Kopf voran verfüttert. Hat ein Küken den Happen verschlungen, rotieren die Nestlinge einen Platz weiter. Bei den jungen Eisvögeln setzt sich nicht der

Stärkere gegen den Schwächeren durch, es geht bei der Fütterung immer der Reihe nach, sodass niemand zu kurz kommt.

Eisvögel haben viele Fressfeinde, darunter Ratten und Mäuse, die die Bruthöhlen ausräubern. Ein Drittel der Eisvogelbruten geht verloren, nicht zuletzt durch menschliche Störungen, wie unbedachtes Verweilen am Ufer in Brutplatznähe. Ist die Brut erfolgreich, werden die flüggen Vögel von den Eltern noch ein paar Tage betreut und in der Kunst des Fischfanges unterrichtet. Die Alten kündigen sich dazu mit einem kurzen »tieht« an, und Jungvögel antworten mit »tschik«. Sind die Jungen in der Lage, selbst zu fischen, werden sie rigoros von den Altvögeln aus dem Revier vertrieben. Nach einer Zweitbrut gibt es oft noch eine dritte, manchmal sogar noch eine vierte Brut. Damit gehören Eisvögel zu den Spitzenreitern im Brutfleiß. Bei einem derart ambitionierten Brutgeschehen bieten sich Schachtelbruten an, bei denen sich aufeinanderfolgende Bruten zeitlich überschneiden und die beiden Altvögel an getrennten Plätzen ihre Tätigkeiten verrichten. Die letzten Jungvögel werden erst Ende September flügge.

Manche Eisvogelmännchen geben sich nicht mit einem Weibchen pro Saison zufrieden. Eine praktizierte Bigamie kann sogar in einem Abstand von mehreren Kilometern erfolgen. Schlüpfen die Jungen annähernd gleichzeitig, muss das Männchen zu ihrer Versorgung ständig pendeln. Bei einer derartigen Geschäftigkeit bleibt für romantische Stunden kein Freiraum. Der Brutfleiß ist auch nötig, denn 80 Prozent der Jungvögel überstehen den ersten Winter nicht, und 70 Prozent der Altvögel sterben Jahr für Jahr. Bei derartigen Verlusten ist eine hohe Reproduktionsrate erforderlich, um die Art am Leben zu erhalten. Wir Menschen können dem Eisvogel am besten helfen, indem wir Bäche und Flüsse wieder renaturieren, steile Abbruchufer zulassen und damit sowohl Brutplätze als auch Nahrungsquellen schaffen.

Nach der Brutperiode gehen sich die Eisvogelpartner wieder aus dem Weg. Ihre zweckgebundene friedliche Koexistenz wird nach dem Ausfliegen der Jungen abrupt beendet. Stattdessen verhalten sie sich aggressiv und beziehen getrennte Reviere, die jeder für sich verteidigt. Eisvogelehen machen den Eindruck von Zweckehen. Sie werden eingegangen, um gemeinsam Nachwuchs aufzuziehen, weil diese Aufgabe allein nicht zu bewältigen ist. Zärtlichkeiten stehen nicht unbedingt im Verhaltensprogramm.

Stellt sich noch die Frage, wie Eisvögel mit dem Klimawandel zurechtkommen. Der Eisvogel dürfte zunächst ein Gewinner sein, denn eisige Winter enden für den mitteleuropäischen Standvogel trotz seines Namens oft tödlich. In besonders harten Wintern mit geschlossenen Eisdecken sind schon bis zu 90 Prozent der Eisvögel verhungert. Es dauert danach einige Jahre, bis die Bestandseinbrüche wieder ausgeglichen sind. Durch die Erderwärmung werden kalte Perioden immer weniger wahrscheinlich, gut für den Eisvogel, zunächst. Doch die Schattenseiten werden auch sichtbar: Viele Gewässer trocknen in Dürresommern aus, und mit dem Beutemachen hat es dann ein Ende. In der Summe dürfte der Klimawandel auch für den Eisvogel alles andere als von Vorteil sein.

KUCKUCK – Cleverer Schmarotzer

Im Gegensatz zu den allermeisten Vögeln, die erstaunlich viel Gemeinsinn zeigen, verkörpert der nächste Kandidat das genaue Gegenteil, er ist ein waschechter Schmarotzer, doch der Reihe nach: Wenn nach langer Zeit des Schweigens ab Mitte April sein Ruf mit starker Stimme weit durch die Lande erschallt, stimmt er uns wie kaum ein zweiter Vogel auf den Frühling ein, der Kuckuck. Er gehört zu den populärsten Vögeln überhaupt, und er gilt als Glücksbringer. Jeder kennt ihn, aber die wenigsten Menschen haben den taubengroßen Vogel je gesehen. Wir mögen ihm gern zuhören, er scheint ein fröhlicher Geselle zu sein. Doch gern zeigt er sich nicht in der Öffentlichkeit, er liebt die Diskretion. Doch wer ist der Kuckuck wirklich? Wie sieht es in seinem Privatleben aus?

Er ist, das steht fest, ein windiger Geselle, eine zwielichtige Figur in der Vogelwelt. Der Kuckuck balzt und begattet, ohne jemals zum Gatten zu werden. Von Ehe und Familie hält der Kuckuck rein gar nichts. Wozu auch? Er lebt im Wolkenkuckucksheim, das es sonst nur in der Dichtung gibt. Den schnöden Alltag haben andere am Hals. Die niederen Tätigkeiten wie Nestbau, Brut und Fürsorge für seine Nachkommen hat der Kuckuck auf raffinierte Art und Weise an kleine Singvögel delegiert, sie schuften für ihn. Er selbst ruft sich währenddessen fröhlich bei seinem Namen. Bei diesem Organisationstalent braucht es lediglich eine Übertragung der Samenzellen an ein Weibchen, um sich dann schleunigst aus dem Staub zu machen. Diese Praxis ist in der Natur alles andere als selten. Sie ist sogar die Regel bei Fliegen und Mücken, auch bei Fröschen und Fischen, sie überlassen die befruchteten Eier der Natur, die alles Weitere erledigt. Bei Vögeln ist das »Nichtkümmern« um den eigenen Nachwuchs die krasse Ausnahme. Der Kuckuck ist der einzige Vogel in Mitteleuropa, der weder baut noch brütet. Er ist durch und durch ein Parasit und lebt auf dem Rücken anderer Vögel. Wenn andere Vögel noch emsig Futter für den Jungkuckuck herbeischleppen, kann es bei den alten Kuckucken schon ab Juli mit flotten Flügelschlägen auf die Reise Richtung Süden gehen.

Zum »Dank« für das aufopferungsvolle Großziehen des Kuckuckskindes wird den Pflegeeltern auch noch der eigene Nachwuchs erbarmungslos aus dem Nest geworfen! Doch wer denkt schon an dieses Sündenregister, wenn der Kuckucksruf erschallt? Mit seinem vollklingenden und weittragenden Ruf steckt der Kuckucksmann seine Reviergrenzen gegenüber anderen Kuckucksmännern ab, nicht nur tagsüber, sondern auch nachts. Die sehr selbstständigen Kuckucksweibchen haben ihre eigenen Reviergrenzen gegenüber anderen Weibchen. Verschiedene Reviere überlappen sich oft, sodass sich mehrere Männchen in den Weibchenrevieren ganz wie zu Hause fühlen. Besonders die Gebiete mit einer hohen Weibchendichte sind für Männchen sehr attraktiv, sodass sich die Kuckucksmännchen gegenseitig bekriegen.

Spannend wird es, wenn ein Kuckucksmann die Verfolgungsjagd aufnimmt und ein Kuckucksweib erobern will. Bei hoher Erregung scheint er zu stottern und ruft manchmal sich überschlagend dreisilbig »ku-ku-kuck«. »Ich kriege dich«, mag das wohl heißen. Das ebenso erregte Kuckucksweibchen seinerseits antwortet mit einem hohen Trillern, was bedeuten könnte: »Versuch's doch mal.« Das lässt sich ein echter Kuckucksmann nicht zweimal zurufen und jagt dem Weibchen mit extra schnellen Flügelschlägen bis zum nächsten Baum hinterher. Mit Kopfnicken, das in tiefe Verbeugungen übergeht, sowie mit Schwanzwedeln zeigt das Männchen sein Begehren an. Die weiteren Spielregeln legt das Weibchen fest.

Die Begattung findet auf einem Ast statt. Eine Sekundensache. Das war dann schon die ganze Jahresarbeit, die Herr Kuckuck zu leisten hat. Gelegentliche Wiederholungen dieser Dienstleistung, gern auch bei anderen Kuckucksweibchen, sind ihm willkommen. Frau Kuckuck muss zumindest noch Eier produzieren und sie loswerden. Aber da liegt genau das Problem. Diese Kuckuckseier will niemand geschenkt haben, zumindest kein Vogel, der sich gerade um seinen eigenen Nachwuchs bemüht.

Bevor es ans Eierlegen geht, wird vom Kuckucksweibchen genauestens ausspioniert, wo ein geeigneter Wirtsvogel sein Nest

frisch angelegt und mit mindestens einem eigenen Ei versehen hat. Im gesamten eurasischen Verbreitungsgebiet kommen 100 verschiedene Wirtsvögel infrage, in Deutschland sind es um die 30 Arten. 90 Prozent der Kuckuckseier landen sogar bei lediglich 16 Wirtsvogelarten. Besonders beliebt als Wirte sind Rohrsänger, Grasmücken, Bachstelzen und Rotkehlchen. In Ungarn hat man beobachtet, dass bei einem geringen Angebot an Rohrsängernestern und einer hohen Kuckucksdichte bis zu fünf Kuckuckseier in einem Rohrsängernest landeten – auch der Kuckuck ist offenbar vor Fehlinvestitionen nicht gefeit.

Eine besondere Herausforderung: Das Kuckucksweibchen muss seine Eier in den Nestern jener Singvogelart unterbringen, bei der es selbst aufgewachsen ist. Pro Nest nicht mehr als ein Ei – und das jeden zweiten Tag ab Mai beginnend. Die Eiablage ist eine streng geheime Angelegenheit. Deshalb ist vorher zu klären, wo sich die Nestinhaber gerade herumtreiben. Dafür nimmt sich das Kuckucksweibchen stundenlang Zeit, sitzt reglos auf einem Ast, in sicherer Entfernung von bis zu 100 Metern, und beobachtet das Geschehen ganz genau. Es muss der Moment abgepasst werden, bei dem beide Singvogeleltern nicht zu Hause sind. Manchmal tritt sogar der Kuckucksmann als Komplize auf und lenkt die zu prellenden Wirtsvögel ab.

Eine weitere Raffinesse: Das Aussehen des Kuckucks ähnelt dem des Sperbers, einem Todfeind aller Singvögel. Mit dieser Form von Mimikry täuscht der Kuckuck die Gegenwart eines räuberischen Greifvogels vor, um die Singvögel, die um ihr eigenes Leben fürchten, von ihrem Nest zu vertreiben. Zur Steigerung des Vertreibungseffektes gibt das Kuckucksweibchen sperberähnliche Laute von sich. Zur Verschleierung der Tat entnimmt Frau Kuckuck eines der Eier mit dem Schnabel aus dem fremden Nest, verschluckt es am besten gleich und hinterlässt blitzschnell ein eigenes Ei, eben ein Kuckucksei. Die Anzahl der Eier sollte gleich bleiben, denn auch kleine Vögel können nicht nur bis drei zählen. Dann verschwinden Täterin und Komplize auf schnellstem Wege und lassen sich nie wieder blicken.

Nicht immer geht die Sache glatt. Wurde das Kuckucksweibchen bei seinem dubiosen Geschäft erwischt oder wurde sonst ein Verdacht auf Unregelmäßigkeiten geschöpft – in rund 20 Prozent der Fälle ist es so –, wird das ganze Gelege durch die rechtmäßigen Inhaber überbaut, und es wird eine Etage höher neu angelegt. Noch wahrscheinlicher ist es aber, dass sich die Nestbesitzer entscheiden, das Nest ganz aufzugeben und anderswo ihr

Glück neu zu versuchen. Schöpfen sie jedoch keinen Verdacht, übernehmen die kleinen Singvogeleltern unbekümmert die weitere Arbeit und machen sich ans Brüten.

Als leichtgläubige Wirtsvögel haben sich Heckenbraunellen erwiesen, sie nehmen alles an, was der Kuckuck liefert. Ähnlich verhält sich der Zaunkönig, er erkennt den Schwindel nicht, obwohl der Größenunterschied der Eier augenfällig ist. Es gibt allerdings auch Vogelarten, die aus schlechten Erfahrungen gelernt haben. Der Fitis, ein kleiner Laubsänger, ist so ein Kandidat. Er erkennt ein Kuckucksei und schmeißt es umgehend aus dem Nest. All diese Erkenntnisse, mitgeteilt vom British Ornithologists' Club, gewann man durch die Auswertung von bis zu 200 Jahre alten Aufzeichnungen. Durch eine neue Studie von einem internationalen Team konnte experimentell nachgewiesen werden, dass das Kuckucksweibchen vor der eigenen Eiablage aktiv nach Nestern mit Eiern sucht, die in ihrem farblichen Aussehen am besten zu den eigenen Eiern passen.

Da der Kuckuck ein Langstreckenzieher ist und immer noch nach seinem alten, vor der Klimaerwärmung angelegten Flugplan unterwegs ist, der sich an der Tageslänge orientiert, kommt er in jüngster Zeit zu spät im Revier an. Viele Singvögel, vor allem die Standvögel und die Kurzstreckenzieher, sind dann schon mitten im Brutgeschäft. In den letzten Jahrzehnten wurde das Brüten um ein bis zwei Wochen vorgezogen. Pech für den Kuckuck. Doch damit ist noch nicht alles verloren. Viele Vogelarten brüten zweimal in der Saison. So mancher Kuckuck gibt sich aber mit einer Wartezeit nicht zufrieden. Er zerstört einfach ein Singvogel-Gelege und zwingt die Wirtsvögel, mit ihrem Brutgeschäft neu zu beginnen, sodass der Kuckuck zur rechten Zeit einsteigen kann.

Das Frappierende an den Kuckuckseiern: Sie gleichen den Eiern der Wirtsvögel in Farbe und Musterung, sie sind ihnen zum

Verwechseln ähnlich. Allerdings sind sie um eine Nuance größer, und die Kuckuckseischale ist dicker als die der Wirtsvögel, um ein mögliches Anpicken zu verhindern. Durch wissenschaftliche Untersuchungen wissen wir, dass alle diese Details in den Geschlechtschromosomen der Weibchen festgelegt sind.

In einer Rekordzeit von nur zwölf Tagen schlüpft aus dem Kuckucksei ein blindes, nacktes Wesen. Diese kurze Bebrütungszeit ist nur deshalb möglich, weil das Kuckucksei schon im 40 Grad warmen Körper des »schwangeren« Weibchens angebrütet wird und somit einen Entwicklungsvorsprung von etwa einem Tag verbuchen kann. Noch an seinem Geburtstag, erst wenige Stunden alt, beginnt der junge Kuckuck, alles aus dem Nest zu werfen: Eier wie auch Jungvögel lädt er auf seinen kleinen Rücken und wirft diese mit einem kräftigen Ruck über den Nestrand nach draußen, bis er das Nest ganz für sich allein hat.

Kuckuckskinder sind generell Einzelkinder, vom Verhalten her erscheinen sie wie Egoisten. Voller Hingabe hingegen, als wäre es ihr eigenes, leibliches Kind, füttern die kleinen Pflegeeltern den nimmersatten Jungkuckuck. Mit erstaunlichem Tempo wächst er heran, bekommt er doch eine Futtermenge, die im Regelfall für ein halbes Dutzend Vogelküken gedacht war. Sehr bald ist er viel größer als seine fütternden Versorger, die über den kleinen Riesen eigentlich irritiert sein sollten – sind sie aber nicht! Sie füttern den Kuckuck doppelt so lange, wie sie ihre eigenen Jungen füttern müssten. Nach 20 Tagen ist der Jungkuckuck flügge, verlässt das Nest und wird noch mehrere Wochen weiter von seinen Pflegeeltern gefüttert, die Bettelrufe und der weit aufgesperrte blutrote Rachen wirken als Schlüsselreiz zum Weiterfüttern, selbst fremde Vögel beteiligen sich daran.

Beim Verlassen des Nestes kann es zu Komplikationen kommen, wenn der Höhleneingang für den Jungkuckuck zu klein geraten ist, wie beim Zaunkönig. Der Kopf passt durch, der Körper nicht. Was tun? Der nach Befreiung strebende Nestling hat eine Lösung: Bei jeder Fütterung steckt Jungkuckuck seinen Kopf aus dem Loch und strampelt so kraftvoll mit den Füßen, bis das Nest auseinanderplatzt. Was beim Nest des Zaunkönigs noch funktioniert, ist bei Nestern von kleinen Höhlenbrütern in Baumstämmen zum Scheitern verurteilt. In einem Fall schaffte es der dicke Jungkuckuck nicht mehr, sich aus seinem hölzernen Gefängnis zu befreien. Die Pflegeeltern verschoben gar ihre Reise in den Süden, um ihren Pflegling nicht verhungern zu lassen. Erst ein menschlicher Retter konnte die missliche Lage auflösen.

Seine wahren Eltern bekommt ein Kuckuck nie zu Gesicht. Umso erstaunlicher, dass der junge Kuckuck die Eigenheiten seiner ihm fremd bleibenden leiblichen Erzeuger komplett annimmt und nicht die der fütternden Eltern, die er jeden Tag vor sich hat. Ist er schließlich flugtüchtig, dann tut er das, was jeder Kuckuck tut: Er fliegt bis zum Äquator nach Afrika und darüber hinaus. Ganz allein, ohne Unterricht und externe Navigationshilfe.

Für die Kuckucksvögel scheint dieses Lebensmodell das beste aller Modelle zu sein. Sie beschränken sich auf die allernötigsten Aufgaben und überlassen den großen Rest den anderen. Das Modell ist aber keineswegs beliebig übertragbar. Wenn es alle Lebewesen so praktizierten und die Arbeit delegieren würden, wo bliebe dann der Wirt, der die Arbeit macht?

Der Kuckuck ist nicht nur wegen seines Brutparasitismus eine schillernde Figur. Auch seine Männchen-Weibchen-Beziehungen sind schwer durchschaubar. Vor allem deshalb, weil er ein extrem ungebundener Geselle ist. Während die allermeisten Vögel immer wieder zu ihrem Nest zurückkehren, lässt sich der Kuckuck nicht so leicht kontrollieren. Niemand weiß, wo er sich gerade herumtreibt und mit wem er ein Techtelmechtel pflegt. Wir wissen nur so viel: Das Kuckucksweibchen muss jedes Frühjahr um die zehn bis maximal 25 Eier unterbringen, jedes in ein anderes Nest, aber immer bei der gleichen Singvogelart. Diese Eier sind keineswegs von ein und demselben Vater befruchtet worden. Das Kuckucksweibchen scheint offen zu sein für das Verlangen von diesem oder von jenem Nachbarn. Den Erst-Mann scheint das wenig zu stören. Er sucht seinerseits zum Zeitvertreib diese und jene Kuckucksdame zum Schäferstündchen auf, ein typisch promiskuitives Verhalten.

Die Kuckuckskinder ein und desselben Weibchens sind mehr oder weniger getrennt aufwachsende Halbgeschwister. Aufgezogen werden sie von Stiefeltern, als wären es Waisen. Das Fazit dieses Tohuwabohus: Am Ende zählen nicht irgendwelche Kuckuckswünsche, sondern der Erhalt der Art. Und dieses Ziel konnte bisher zuverlässig erreicht werden. Allerdings ist in den letzten drei Jahrzehnten der Kuckucksbestand in Deutschland um 20 Prozent zurückgegangen. Was die Ursachen sind? Sie liegen nicht beim Kuckuck!

KRÄHE – Gemeinschaft ganz groß

So manchem Stadtbewohner gehen sie auf die Nerven, die schwarzen Rabenvögel, vor allem, wenn sie in großer Zahl die Kronen der Parkbäume in Besitz nehmen, sei es zum Brüten oder um die Nacht zu verbringen. Viele Vögel ziehen sich zur Nachtruhe still und leise zurück, sie schlafen am liebsten allein, andere lieben die Gesellschaft. Alles hat seine Vor- und Nachteile. Doch das Schlafen in Gesellschaft beginnt genau genommen schon vom Tag der Geburt an – bei fast allen Vogelarten.

In der Natur wärmen viele Lebewesen ganz selbstverständlich einander und geben sich dabei das Gefühl von Schutz und Geborgenheit. Jedes Wesen genießt sie, die viel geliebte Nestwärme. Im Leben der meisten Vögel gehört es zur Normalität, dass die Küken in einem Nest schlafen. Ein Elternteil versorgt sie mit eigener Körperwärme über den nackten Brutfleck an der Unterseite des Altvogels. Anders würden nesthockende Vogelkinder kühle Tage und erst recht kalte Nächte gar nicht überleben. Dieses Fürsorgeverhalten nennt man Hudern. Die Nesttemperatur von 38 Grad Celsius wird unter allen Umständen aufrechterhalten und schützt die Jungen vor Krankheit und Tod.

Dieses gemeinsame geschwisterliche Nestschlafen gehört nach wenigen Wochen für immer der Vergangenheit an. Bei den Singvögeln beginnt nach zwei, drei oder vier Wochen das Ausfliegen, das Verlassen des Kindheitsnestes, bei Großvögeln dauert es mit zwei bis vier Monaten deutlich länger. Mit dem Sprung in die Selbstständigkeit bricht auch für die Jungvögel gewöhnlich die Zeit des Allein-Schlafens an. Auch wollen die Elternvögel wieder ihre Ruhe haben. Schließlich hinterlässt die stressige Brutzeit deutliche Spuren der Anstrengung. Am Abend ziehen sich die Schlafaspiranten in aller Heimlichkeit zurück, entweder auf einen Ast, ins Gebüsch, unter Grasbüschel oder in eine Höhle. Das getrennte Schlafen von Weibchen und Männchen ist bei Meisen in Nistkästen per Kamera gut zu beobachten. An Land oder im Flachwasser schlafen Vögel gewöhnlich auf einem oder auf beiden Beinen stehend. Der Schnabel wird bei halbseitig umgedrehtem Hals im Rückengefieder versenkt.

Das »Gut-Schlafen-Können« ist für Vögel noch mehr als für Menschen eine Überlebensfrage. Nur wer fit ist, kann die Herausforderungen meistern und sich behaupten. Eine Krankschreibung unter Vögeln gilt nicht. Wer als Vogel in freier Wildbahn nur so täte, als sei er krank, kann schon im nächsten Moment Opfer eines Fressfeindes werden. Der Krankenstand in der Vogelwelt bewegt sich zwangsläufig nahe null.

Manche Vogelarten finden sich in sehr großer Zahl zusammen, um gemeinsam an einem Ort zu nächtigen. Die Schlafgesellschaften kommen vor allem außerhalb der Paarungszeit zusammen. Die Distanz zwischen den einzelnen Vögeln wird – bis auf einige Ausnahmen bei Kleinvögeln und extremer Kälte – strikt eingehalten. Was aber ist der Grund für das gesellige Schlafen? Ein gewichtiger Vorteil ist die höhere Sicherheit. Gemeinschaften tragen dazu bei, Störenfriede rechtzeitig zu erkennen und Alarm zu schlagen. Schließlich wachen viele Augen über das allgemeine Wohlergehen.

Den Hang zum geselligen Schlafen haben vor allem jene Vogelarten entwickelt, die gewöhnlich in Kolonien brüten. So gehören Rabenvögel, wie Krähen und Dohlen, zu den geselligen Schläfern. Sie sammeln sich nach Abschluss der Brutzeit schon in den Nachmittagsstunden für die gemeinsame Übernachtung. Die Vögel kommen aus einem weiten Einzugsbereich und fliegen täglich bis über 40 Kilometer, um zum Schlafplatz zu gelangen. Sie kommen zu Hunderten, früher sogar zu Tausenden zusammen, im Extremfall waren es schon bis zu 150 000 Individuen an einem Ort. Die Vögel suchen sich besonders hohe und weit ausladende Bäume als Nachtlager aus. In Ermangelung von Bäumen nehmen manche Vogelgesellschaften auch mit Antennen oder anderen erhöhten technischen Konstruktionen vorlieb.

Bei der Verteilung der Schlafplätze herrscht unter den Rabenvögeln eine strenge Ordnung. Wer schläft oben und wer unten? Es geht um nichts anderes als um hohe Posten. Dabei wird die Rangordnung immer wieder lautstark neu verhandelt. Kein Posten wird auf Lebenszeit vergeben. Dem aktuellen Anführer steht der sicherste Platz weit oben und möglichst in der Mitte zu, gleich neben ihm die Partnerin. Ganz in deren Nähe gruppieren sich die künftigen Anwärter auf diese Posten. Einen Sprung nach oben erreicht ein Vogel, indem er sich verpaart. Wer es geschafft hat, einen Partner an seiner Seite vorweisen zu können, verdient höhere Anerkennung.

Eine hohe Stellung, Sicherheit und Prestige sind die hehren Ziele selbst bei Rabenvögeln. Ganz sicher werden bei diesem Gerangel auch Geheimtipps über die besten Futterplätze weitergegeben. Da möchte jeder nah am Geschehen dran sein und wertvolle Informationen erhaschen. Wissen macht satt.

Zu ganzjährigen Schlafgesellschaften findet sich das junge Rabenvolk zusammen, oft in Gemeinschaft mit älteren Nichtbrütern, also erwachsenen Vögeln, denen entweder der Brutplatz oder der Partner oder beides fehlt. Innerhalb dieser Gemeinschaften ergeben sich gute Möglichkeiten des gegenseitigen Kennenlernens, eine Art Partnerbörse. Manche Verlobungen werden hier versprochen und Hochzeiten angebahnt.

Die künftigen Brutpartner der Rabenvögel fallen nicht nur durch eine verringerte Individualdistanz auf, sie praktizieren auch gegenseitige Körperpflege und verteidigen gemeinsam ihren Platz. Ihre Bindung hält lebenslang an. Selbst wenn es zu Nebenbei-Begattungen kommen sollte, wird die familiäre Versorgung aufrechterhalten. Ein inniges und festgefügtes Verhältnis zwischen den Partnern steigert den Bruterfolg eines Brutpaares, sodass im Laufe des Lebens zunehmend mehr flügge Jungvögel das Nest verlassen können.

Trauter Frieden ist in Gemeinschaften selten von Dauer. Zwistigkeiten kommen selbst in den besten Familien vor, erst recht, wenn viele Individuen auf engem Raum zusammentreffen. Wo sich viel Volk versammelt, versammeln sich ebenso viele Konflikte. Wie lösen die Konfliktparteien ihre Probleme? Fliegen zwischen zwei Saatkrähen die Fetzen, so schaltet sich ein Dritter, meist ein Partner von einem der Streithähne, als Schlichter ein. Durch Zärtlichkeiten, intensives Schnäbeln oder Schnabelkreuzen sowie durch gemeinsames Fressen wird der eigene Partner beschwichtigt. Dem anderen Streitvogel wird dadurch gezeigt, dass das Krähenpaar zusammenhält und ein Partnerwechsel absolut nicht zur Debatte steht.

Rabenvögel zählen zu den intelligentesten Vögeln und scheinen viel Gemeinsinn entwickelt zu haben. Ihnen wird ein Selbstbewusstsein zuerkannt, das nur eine kleine Elite im Tierreich für sich reklamieren kann. Schaut man sich in der Vogelwelt um, so fällt auf, dass es die klügsten Vogelarten sind, die die Dauerehe mit einem festen Partner bevorzugen. Krähen, Dohlen, Elstern, Häher und der Kolkrabe – alles Rabenvögel – stehen weitgehend auf lebenslange Monogamie. Die schlauen Vögel haben offenbar erkannt, dass die feste Paarbeziehung die größten Vorteile für sie verspricht. Da diese Vogelarten auch eine verhältnismäßig hohe Lebenserwartung haben, lohnt sich ein Festhalten am bewährten Partner umso mehr. Die Vögel können sich relativ sicher sein, dass sie nicht nur das nächste Frühjahr erleben werden, sondern viele Ehejahre miteinander teilen können. Großen Vögeln kommt dabei entgegen, dass sie weniger Feinde haben als kleine Vögel und schwerer zu überwältigen sind. Die Großen stehen überwiegend am Ende der Nahrungskette, sind eher Täter als Opfer.

Als Täter treten Vogelehepaare nicht selten gemeinsam auf. Sie verhalten sich wie Komplizen bei einem Banküberfall. So kann man beobachten, wie Krähen in Gemeinschaft ermattete Singvögel verfolgen, um sie zu erbeuten. So ist schon manch ein geschwächter Star nach seiner Rückkehr aus seinem Winterquartier von Krähen erbeutet und verspeist worden.

Rabenvögel können sich auch innerhalb ihrer Gemeinschaft gegenseitig unterstützen. Nicht selten kommt es zur Mitversorgung des Nachwuchses durch nichtbrütende Artgenossen. Darüber hinaus wurde auch eine Fürsorge gegenüber kranken oder verletzten Vögeln innerhalb der Art beobachtet.

Gemeinschaftliche Lebensmodelle erfordern ein hohes Maß an Kommunikation. Rabenvögel haben dafür ein vielseitiges Vokabular entwickelt. Obwohl sie zu den Singvögeln gerechnet werden, sind sie nach unseren Maßstäben alles andere als herausragende Sangeskünstler. Vertraut sind uns vor allem die lauten, rauen und krächzenden Töne. Doch Rabenvögel können auch zart und leise. Auf so manchem Spaziergang überraschte mich fremd erscheinender, melodischer Gesang. Entdecke ich den Interpreten, war es eine Krähe oder ein Eichelhäher. Derart angenehm klingende Tonfolgen werden vor allem in der Partnerwerbung oder beim Füttern eingesetzt.

Gemeinsames Agieren kann dazu beitragen, Gefahren und Risiken zu minimieren. Für die Lebenserwartung ist es dennoch ein großer Unterschied, ob ein Vogel allen Widrigkeiten der Natur ausgesetzt ist oder in menschlicher Obhut lebt (oder leben muss). Den Alterstod durch Altersschwäche erleben Vögel in der freien Natur nur sehr selten. Wenn ein frei lebender Vogel schwach oder krank wird, landet er in kürzester Zeit in den Krallen oder Fängen hungriger Räuber. Nur im Schutze menschlicher Obhut kann ein Vogel seine maximale Lebenszeit erreichen. Die Differenz zwischen einem Leben in freier Natur und in Obhut kann gerade bei Rabenvögeln gewaltig sein. So hat der bisher älteste Kolkrabe als frei lebender Ringvogel ein Alter von 20 Jahren erzielt, in Gefangenschaft wurde der älteste dieser Art 69 Jahre alt.

WASSERAMSEL – Inzest

DNA-Analysen haben Erstaunliches über unsere ferne menschliche Vergangenheit ans Licht gebracht: Schon in der Steinzeit galt unter unseren Vorfahren offenbar ein Inzest-Tabu, das die Verpaarung unter Blutsverwandten ausgeschlossen hat. Möglicherweise wirkte es instinktiv. Später, in Zeiten der feudalen Klassengesellschaften, brach man mit dieser Regel. Eheschließungen wurden unter Verwandten angebahnt, um Reichtum und Macht zu mehren. So manches Adelsgeschlecht ist dadurch ausgestorben. Heute gilt in vielen Ländern des christlichen Abendlandes ein gesetzliches Verbot für die Heirat unter Blutsverwandten. Medizinische Erkenntnisse lassen darauf schließen, dass bei Geschwisterehen oder Eltern-Kind-Ehen das Auftreten von Erbkrankheiten erhöht sein kann.

In der freien Natur gibt es keine Paragraphen, die festlegen, wer sich mit wem paaren darf und wer nicht. So sollte es nicht verwundern, dass es bei den Vogel-Verpaarungen hin und wieder zu abweichendem Verhalten kommen kann. Vielleicht könnten wir im Sinne der angeklagten Vögel mildernde Umstände walten lassen?

Durch die Überwachung des Paarungsverhaltens von Wasseramseln kam ein solcher Fall von gehäufter Verwandtenheirat ans Tageslicht. Mit seinem großen, weiß strahlenden Brustlatz fällt der Vogel sofort ins Auge. Man begegnet ihm fast ausschließlich am Wasser, besonders an rauschenden Gebirgsbächen. Eine seiner speziellen Fähigkeiten ist das für manche Fälle des Lebens ganz nützliche Abtauchen. Die Wasseramsel ist überhaupt der einzige Singvogel, der schwimmen und tauchen kann. Tagtäglich taucht der kleine Wicht mit den stämmigen Beinen im eiskalten Wasser reißender Bäche und Flüsse, dreht unter Wasser Steine um und sammelt Kleingetier ein. Zur Fortbewegung benutzt er dabei seine Flügel. Vor allem, wenn die Wasseramseln Junge im Nest zu versorgen haben, lässt sich diese außergewöhnliche Art der Nahrungssuche bewundern. Wir Menschen würden diese Art von Nahrungsbeschaffung kaum gesund überleben. Weder die Strömung noch die Temperatur könnten wir aushalten.

Zur Klärung des Sachverhalts »Heirat unter Blutsverwandten« wurden in einem langjährigen Experiment junge Wasseramseln aus zahlreichen Nestern beringt. Damit bekam jeder Vogel in dem Untersuchungsgebiet quasi einen Personalausweis. Im folgenden Frühling waren die Vögel dann erwachsen und suchten sich einen Partner zwecks Heirat. Dabei sind die Forscher auf merkwürdige Verhältnisse gestoßen, die nach unserer geltenden Rechtslage auf der Anklagebank landen würden. So verpaarte sich eine fünfjährige Wasseramselfrau nach mehrjähriger und erfolgreicher Ehe neu – mit ihrem zweijährigen Sohn und machte ihn zum Vater ihrer Kinder. Dadurch paart sich ein erfahrenes Weibchen mit einem männlichen Anfänger. Da Wasseramseln Standvögel sind, erhöht sich die Wahrscheinlichkeit einer zufälligen Verpaarung zwischen Familienmitgliedern.

Allgemein gilt die Regel, dass ortstreues Verhalten die Inzucht fördert. Wenn die Vögel beiderlei Geschlechts ihren Geburtsort nicht verlassen oder ihn zur Brutzeit immer wieder aufsuchen, liegt es nahe, dass sich Verwandte begegnen und sich miteinander paaren. Derartige Fälle von Inzest wurden schon mehrfach festgestellt. Eine systematische Untersuchung an Kohlmeisen in Oxford ergab, dass sich unter Meisenpaaren ein bis zwei Prozent Inzuchtpaare befanden. Konkret waren darunter fünfmal die Mütter mit ihren Söhnen liiert, dazu kamen sieben Bruder-Schwester-Beziehungen und eine Onkel-Nichte-Verbindung. Die Vogelpaare mit engeren Verwandtschaftsverhältnissen hatten insgesamt einen geringeren Bruterfolg und eine höhere Sterblichkeit ihrer Jungen aufzuweisen als unverwandte Paare. Bei isolierten Vorkommen, zum Beispiel auf Inseln, kann die Inzucht-Quote deutlich ansteigen, und die Tiere werden dann genetisch immer ähnlicher.

Die Vermeidung von Inzucht scheint ein Anliegen der Natur zu sein. Bei den meisten Tierarten wird Inzest passiv vermieden, indem Nachkommen sich zerstreuen oder von den Eltern nicht mehr in der Nähe geduldet werden. Es gilt als Regel, dass entweder die jungen Männchen oder die jungen Weibchen die Gruppe verlassen müssen. Durch die räumliche Trennung der Geschwister werden Verpaarungen untereinander unwahrscheinlicher. Neben dieser passiven Vermeidungsstrategie kann auch eine aktive Vermeidung von Inzest betrieben werden. Diese ist allerdings an die Möglichkeit individuellen Wiedererkennens gebunden und kommt auch bei Tieren vor. Bei Graugänsen vermeiden Geschwister sexuelle Kontakte selbst dann, wenn sie ohne weitere Artgenossen zusammen »als Paar« gehalten werden. Bei Schimpansen wurde beobachtet, dass Weibchen sexuelles Interesse von Brüdern aktiv abwehren und dass erwachsene, ranghohe Männchen ihrer Mutter gegenüber kein sexuelles Interesse haben. Untersuchungen an Menschen zeigten, dass sie als Erwachsene denjenigen gegenüber eine erotische Barriere haben, die sie in den ersten fünf Lebensjahren gut kannten.

MISCHPAARE

Der Begriff »Mischehen« ist geschichtlich vorbelastet. In der deutschen Kolonialzeit war es die amtliche Bezeichnung für Ehen zwischen Einheimischen und deutschen Siedlern. In der Zeit des Nationalsozialismus stand der Begriff für Ehen zwischen »Juden« und »Deutschblütigen« und in der Südafrikanischen Union für Ehen zwischen Weißen und Nicht-Weißen. Im folgenden

Text wird von »Mischpaaren« gesprochen, und zwar ausschließlich im biologischen Sinne innerhalb der Vogelwelt.

Eheliche Verbindungen finden üblicherweise zwischen zwei Partnern ein und derselben Art statt. So hat es die Natur vorgesehen. Wo kämen wir denn hin, wenn sich der Storch mit dem Spatz oder die Eule mit der Lerche vereinigen würden? Es ist im strengen Wortsinn arteigen, dass sich nur Vertreter ein und derselben Art miteinander paaren und Nachkommen zeugen können. Doch keine Regel ohne Ausnahmen. So kommt es in der freien Natur durchaus vor, dass zwei Vögel unterschiedlicher Artzugehörigkeit eine Familie gründen. Sie gehen zu einer fremden Art, um sich zu paaren, dabei handelt es sich jedoch um ein Versehen. Mindestvoraussetzung für eine artübergreifende Liaison, eine Hybridisierung oder Kreuzung, sind eine gewisse Ähnlichkeit der Kandidaten und eine nähere zoologische Verwandtschaft. US-amerikanische Forscherinnen sind der Frage nachgegangen, welche Vogelarten generell zu einer Hybridisierung neigen. Vögel, die sich längerfristig paarweise binden, hybridisieren seltener als Arten, die ihren Partner öfter wechseln. Ebenso sind Standvögel weniger für Kreuzungsexperimente bereit als Zugvögel. Der Grund wird darin vermutet, dass Standvögeln mehr Zeit für die Partnersuche zur Verfügung steht als Zugvögeln. Letztere stehen stärker unter zeitlichem Stress und können mit größerer Wahrscheinlichkeit eine falsche Wahl treffen.

Tritt der Fall einer Vereinigung zweier Vögel unterschiedlicher Artzugehörigkeit ein, dann stellt sich die Frage, ob überhaupt Eier daraus hervorgehen, und wenn ja, ob diese befruchtet sind. Ist dies zutreffend und schließt sich außerdem noch eine erfolgreiche Brut mit schlüpfenden Küken an, dann geht als Produkt der Kreuzung ein Hybrid hervor. Diese Nachkommen erweisen sich häufig, aber nicht immer als unfruchtbar.

Bislang wurden solche Vorkommnisse als »Irrtümer der Natur« oder als »genetische Unfälle« angesehen. Neuerdings nimmt man jedoch an, dass diese Abweichungen von der Normalität durchaus einen tieferen Sinn haben könnten: Durch Verpaarung mit dem Elterntyp, genannt Rückkreuzung, können der Genfluss, die genetische Vielfalt und die genetische Elastizität gesteigert werden. Damit erhöht sich die Anpassungsfähigkeit einer Population an Umweltveränderungen.

Zunächst soll es um die große Vogelfamilie der Fliegenschnäpper gehen. Zu ihnen zählen so bekannte Vogelarten wie die beiden Rotschwänzchen-Arten sowie die Rot-, Blau-, Braun- und Schwarzkehlchen, aber auch Sprosser und Nachtigall sowie Trauer- und Halsbandschnäpper.

Mehrfach beschriebene Beispiele sexueller Kontakte zwischen nahe verwandten Arten bieten Trauerschnäpper und Halsbandschnäpper. Der Trauerschnäpper ist keineswegs ein Vogel von Traurigkeit, auch wenn ihm im Volksmund der Liedtext »Trüb, trüb ist die Lieb« angedichtet wird. Er fällt mit seinem schwarzweißen Gefieder und dem hervorstechenden weißen Flügelfleck auf, erst recht aber mit seinem fröhlich-rhythmischen Gesang. Wir können ihn als Höhlenbrüter in Wäldern und Parks antreffen, gelegentlich brütet er bei mir sogar im Garten in einem Nistkasten.

Während der Trauerschnäpper vor allem im Norden und Westen Europas zu Hause ist, hat der Halsbandschnäpper, unverwechselbar durch den weißen Halsring, seinen Verbreitungsschwerpunkt im Südosten. Im Grenzbereich in Süddeutschland kommt es nicht selten zu folgenreichen Begegnungen beider Arten. Es bilden sich ganz ohne böse Absicht Mischpaare. Aus diesen gehen fruchtbare Söhne und unfruchtbare, sterile Töchter hervor. Die unfruchtbaren Töchter verhindern damit eine fortgesetzte Vermischung. Dennoch interessieren sich nicht nur die

Söhne, sondern auch die Töchter für das andere Geschlecht. Dem Mischlingsmännchen ist egal, mit wem es später eine Bindung eingeht. Es muss lediglich eine Partnerin von einer der beiden Schnäpperarten sein. Nicht so bei den Weibchen. Sie wählen ihren Partner immer nach dem Vatertyp aus, sogar wenn dieser ein Mischling ist. Es ist also das Vaterbild, welches die Weibchen ersehnen, wenn sie auf Partnersuche sind. Doch welcher Vater gibt die Richtung vor, wenn es zwei davon gibt? Der leibliche, biologische Vater oder der fütternde, soziale Vater?

Um diese Frage zu klären, wurden in einem Experiment die Nestinsassen zweier Mischlingsehen ausgetauscht. Einmal war der Trauerschnäpper der leibliche Vater, einmal der Halsbandschnäpper. Nach dem Tausch wurden die Jungvögel des Halsbandschnäppervaters vom Trauerschnäppervater gefüttert und umgekehrt. Die Töchter wurden durch das Füttern auf den jeweils fremden Vater geprägt. Als die Töchter schließlich heiratsfähig wurden, verfolgte man die Gattenwahl der jungen Weibchen. Sie entschieden sich eindeutig für jene Partner, die nicht dem fütternden Vaterbild entsprachen, sondern dem unbekannten Bild ihres nie gesehenen Erzeugers. Die Gene vom wahren Vater also dirigieren die Töchter, nicht das Bild des treu sorgenden Stiefvaters.

Selbst in den besten Sängerfamilien kann es zu einer Vermischung kommen, so zwischen der Nachtigall und dem Sprosser. In den klimatisch begünstigten Regionen fühlt sich die wärmeliebende Nachtigall zu Hause, im äußersten Nordosten Richtung Oder und Ostseeküste dagegen der robuste Sprosser. Wo sich die Areale beider Arten überschneiden, ist der Weg von Frau Nachtigall zu Herrn Sprosser nicht weit. In diesen Überlappungsgebieten können bis zu zehn Prozent der Verpaarungen gemischt sein. Deren Jungvögel übernehmen Gesangsmotive beider Arten – sie wachsen sozusagen zweisprachig auf, vorausgesetzt, es gibt in unmittelbarer Umgebung die entsprechenden

Gesangslehrer. Was wird nun aus diesen Mischlingen? Sind sie fruchtbar, und können sie sich vermehren? Soweit bekannt, sind bei den Nachkommen der Sprosser-Nachtigall-Kreuzungen die Männchen fruchtbar, die Weibchen hingegen unfruchtbar.

Naheliegend sind auch Mischpaare zwischen den sehr ähnlichen Arten Haus- und Feldsperlingen. So wurde beobachtet, wie ein Hybrid-Sperlingsmännchen sich mit einem Haussperlingsweibchen zusammengetan hat und sogar gemeinsam Nestlinge fütterte. Die Annahme, dass es sich um Nachkommen des Spatzenhybriden handelte, erwies sich bei näherer Prüfung als falsch. DNA-Analysen zeigten, dass die Nestlinge allesamt nicht vom fütternden Männchen, sondern von einem Nachbarmännchen abstammten, das die Befruchtung freundlicherweise übernommen hatte.

Kommen Vermischungen regelmäßig vor, könnten sie mitunter eine neue Art oder Unterart hervorbringen. So ist aus der Vereinigung von Haussperling und Weidensperling der Italiensperling hervorgegangen. Während der Haussperling an seinen grauen Wangen zu erkennen ist, zeigt der Italiensperling weiße Wangen. Dieser Sperling hat inzwischen große Teile Italiens erobert. Im Norden Italiens liegt der Grenzbereich zum Haussperling, und es gibt dort laufend Mischlinge. In Süditalien treffen sich die Areale des Italiensperlings und des Weidensperlings. Auch dort geht die Vermischung weiter.

Recht auffällig sind die Mischpaare zwischen Raben- und Nebelkrähen. Sie treten bevorzugt im Elbegebiet auf, wo sich die Lebensräume beider Arten überschneiden. Während die westlichen Rabenkrähen komplett rabenschwarz daherkommen, erscheinen die östlichen Nebelkrähen überwiegend nebelgrau. Die Hybriden von Raben- und Nebelkrähe zeigen Merkmale der beiden Elternarten mit grauen und schwarzen Partien an Bauch und Rücken. In der Schweiz und in Österreich gelten die Alpen als

Trennlinie. Auch in den dortigen Überlappungsgebieten kommt es regelmäßig zur Hybridisierung von Raben- und Nebelkrähe.

Wie geht es mit den Nachkommen dieser Vermischungen weiter? Bei den Krähenweibchen, die aus Mischpaaren stammen, hat man später einen geringeren Bruterfolg als bei Weibchen von nicht gemischten Paaren festgestellt. Damit bleiben derartige Vermischungen Ausreißer, die sich weniger gut vermehren, also durchaus wieder zu Auslaufmodellen werden könnten. Zumindest schienen sich die Gebiete, in denen die Krähen-Mischlinge vorkommen, nicht zu erweitern. Die Hybridzone, also der Gebietsstreifen, in dem diese Vermischungen auftreten, war entlang der Elbe vor 80 Jahren 50 Kilometer breit und blieb jahrzehntelang unverändert. In jüngster Zeit erobern jedoch die westlichen Rabenkrähen zunehmend östliches Territorium und erweitern damit die Hybridzone.

Mischpaare konnten auch bei Möwen beobachtet werden. In großen Lachmöwenkolonien findet sich manchmal eine einzelne, nur wenig größere Schwarzkopfmöwe. Aus der Not des Partnermangels heraus kann sie sich mit einer Lachmöwe verpaaren. Besser fremd verpaart als gar nicht, mag sich die Möwe sagen. Die Lachmöwen sind sowohl an den Küsten als auch im Binnenland europaweit verbreitet. Die Schwarzkopfmöwe hingegen stammt von den östlich gelegenen Mittelmeerküsten und wandert zunehmend in Richtung Nordwesten. Beide Arten sind für den Laien auf freiem Feld nur schwer voneinander zu unterscheiden: Die Lachmöwe mit rotschwarzem Schnabel trägt eine schokoladenbraune, die Schwarzkopfmöwe mit blutrotem Schnabel eine tiefschwarze Kapuze. Diese ist eine Nummer größer und reicht bis zur Mitte des Halses.

Eine ganze Palette von Kreuzungen finden sich bei unseren heimischen Entenarten. Am häufigsten können wir »fehlfarbenen« Stockenten begegnen, hervorgegangen aus einem wilden

Stockerpel und einer Hausente – oder umgekehrt. Beide gehören zoologisch der gleichen Art an, sodass es sich nicht um eine echte Kreuzung handelt. Echte Kreuzungen treten beispielsweise zwischen den Tauchenten Tafel- und Reiherente auf. Der Nachwuchs erweckt durch die Farbmischung äußerlich den Anschein einer mahagonifarbenen Moorente. Spannend wird es, wenn eine Tauchente wie die Kolbenente sich mit einer Schwimmente wie der Stockente kreuzt, was tatsächlich vorkommt. Wie gelangt der Nachwuchs an das Futter – schwimmend oder tauchend? Diese Frage ist noch unbeantwortet. Als Gemischtköstler dürften sie verschiedene Nahrungssuchtechniken praktizieren.

Entenweibchen legen gern eines ihrer Eier in ein fremdes Nest, auch in ein Nest einer anderen Art. Hierbei kreuzen sich nur die Wege, nicht die Gene. Dieses »Fremdlegen« ist eine bewährte Methode der Risikostreuung. Wenn das eigene Nest geplündert werden sollte, könnte es im »Leihnest« dennoch eigenen Nachwuchs geben.

Eine geradezu sensationelle Entdeckung gelang Storchenbetreuern im niedersächsischen Landkreis Uelzen im Frühjahr 2023. Eine Schwarzstörchin verpaarte sich mit einem Weißstorch! Der Start erfolgte recht holprig. Die Schwarzstörchin musste sich lange um Akzeptanz bemühen, der Weißstorch hat sie immer wieder abgewiesen. Doch irgendwann hat er nachgegeben, zumal seine Ex verschollen blieb. Aus dieser ungewöhnlichen Liaison gingen zwei Jungstörche hervor. Es ist die in freier Wildbahn bisher erste bekannt gewordene Kreuzung der beiden Storcharten, die eigentlich sehr entgegengesetzte Lebensraumansprüche haben. Während der Weißstorch bevorzugt in menschlicher Nähe brütet, lebt der Schwarzstorch ausgesprochen heimlich und zurückgezogen in einsamen Wäldern. In diesem Falle brütete das Paar auf einem Mast in der halb offenen Landschaft. Die Schwarzstörchin versorgte den Nachwuchs artgemäß mit Fischen aus Waldbächen, der Weißstorch sammelte auf den Wiesen Mäuse und Heuschrecken. Was aus der »Neuschöpfung Graustorch« einmal werden wird, bleibt abzuwarten.

Wie bei den Störchen gibt es auch bei den Schwänen eine weiße Art, den Höckerschwan, und eine schwarze Art, den Trauerschwan. Letztere ist auf dem australischen Kontinent heimisch und bei uns in Parkanlagen eingebürgert. Kreuzungen beider Arten sind nicht bekannt. Ein weiblicher Trauerschwan namens »Petra« gelangte jedoch in die Schlagzeilen, als er sich von 2006 bis 2008 auf einem See in Münster mit einem weißen Tretboot in Schwanenform »verpaarte« und nicht von dessen Seite wich. Die Nachwuchsfrage erübrigt sich in diesem speziellen Fall.

Wir können resümieren: Die Natur ist ein einziges Testlabor. Sie agiert experimentell nach dem Prinzip von Versuch und Irrtum. Das Ausprobieren von Möglichkeiten kann zu Fehlschlägen, zu Lernprozessen und manchmal auch zu völlig neuen Lebensformen führen.

NANDU – Feministisch

Der Feminismus verfolgt das Ideal der Gleichheit aller Menschen. Das weibliche Geschlecht soll nicht weiter benachteiligt sein. Diesen Egalitätsanspruch scheint ein Vogel bereits vollzogen zu haben, zumindest was das Kümmern um seinen Nachwuchs angeht: Es ist der Nandu, ein straußenähnlicher Großvogel, der einen ganz eigenwilligen Lebensstil praktiziert, an dem Feministinnen und Feministen ihre wahre Freude haben könnten.

Im Jahr 2000 entwichen mehrere Nandus aus einer Freilandhaltung in Schleswig-Holstein und siedelten aus eigenem Antrieb nach Mecklenburg über. Dazu mussten die flugunfähigen Laufvögel einen Fluss, die Wakenitz, schwimmend durchqueren.

Eigentlich im Grasland der südamerikanischen Pampa beheimatet, fühlen sie sich auf den Wiesen und Feldern der »mecklenburgischen Pampa« offensichtlich sehr wohl und vermehren sich wider Erwarten prächtig. Ihre Eigenheit: Das Männchen übernimmt die Weibchenrolle – so weit biologisch möglich!

Die Seepferdchen machen es vor. Sie gehören zu den absoluten Seltenheiten im Tierreich, bei denen allein das Männchen den Nachwuchs austrägt. Zuvor spritzen Weibchen ihre befruchteten Eier in die Bauchtasche des Männchens, die wie die Tasche des Kängurus funktioniert. Nach zwölf Tagen bringen die schwangeren Seepferdchenmännchen im Seegras den Nachwuchs zur Welt und werden so zu Seepferdchen-Vätern. Ähnliche Modelle haben sich auch in der Vogelwelt herausgebildet, nur mit dem Unterschied, dass die Funktion der Seepferdchen-Bauchtasche vom Vogel auf dem Nest übernommen wird. Die nötige Nestwärme spenden in beiden Fällen allein die Väter.

Nandumännchen mögen es, sich mit vielen Weibchen zu paaren. Der Fortpflanzungsakt beginnt in bekannter Hühnervogel-Manier: Ein Nandu-Hahn sichert sich ein Revier und vertreibt mit großem Einsatz andere Männchen mit Fußtritten und Schnabelhieben. Entschieden freundlicher pflegt er mit den Nandu-Hennen zu verfahren. Diese umrundet er mit ausgebreiteten Flügeln und lockt sie in seine Gemächer unter freiem Himmel, wo er sie nacheinander begattet. Bis zu zehn Hennen ergattert ein Gatte. Dabei gibt er immer wieder den typischen »nan-du«-Laut von sich, was so viel wie »nun du« bedeuten könnte.

Nach einer solchen Serienhochzeit fällt der Nandu-Mann völlig aus der Rolle. Er umgeht die unübersichtliche Lage mit den vielen Weibchen durch eine ausgesprochen eigenwillige Lösung: Er lässt die Früchte seiner Nandu-Liebschaften in ein Gemeinschaftsnest legen. Das ist nichts anderes als eine triviale Bodenvertiefung, die er zuvor eigenfüßig ausgescharrt hat. Wenn dem

Nandu-Hahn das Nest ausreichend mit Eiern gefüllt erscheint, besetzt er es und erklärt es zu seinem persönlichen Eigentum. Kommen dennoch legebereite Weibchen, dann legen sie ihr Ei daneben ab, und der Nestbesitzer rollt die Nachlieferung behutsam ins Nest. Irgendwann ist Schluss damit. Das kann bei zehn bis 30 Eiern der Fall sein, doch auch schon 80 Eier pro Nest wurden gezählt. Sechs Wochen lang bebrütet – ganz im Gegensatz zu den Straußen – der Hahn allein ohne jeglichen Beistand das Gelege, eine rekordverdächtige Leistung für einen männlichen Vogel! Die Hennen indessen ziehen weiter zum nächsten empfangsbereiten Hahn und führen eine Art Liebes-Nomadentum. Während der Brutzeit verhält sich der Hahn extrem aggressiv gegenüber allen Eindringlingen jedweder Art. Dieses Verhalten trifft auch Nachzüglerinnen unter den Hennen, die verspätet zum Ablegen der Eier erscheinen. Der Hahn verweigert ihnen bei Annahmeschluss den Zutritt. So werden in der Legenot der Weibchen die Eier im weiteren Randbereich des Nestes abgelegt. Sie sind für die Nachzucht verloren. Einen Zweck erfüllen die verlegten Eier aber dann doch noch: Die in praller Sonne faulenden Eier locken Fliegen und andere Insekten an, die dem Nandu-Mann als willkommene, lokale Speise dienen, sodass er bei Kräften bleibt.

Nach dem Schlüpfen bleiben die jungen Nandus ein halbes Jahr lang in der Obhut des Vaters – ganz im Gegensatz zu dem Seepferdchen-Nachwuchs, der sich selbst überlassen wird. Quasi als Kindergärtner bewacht der Laufvogel das Küken-Gewimmel, so gut er kann. Die Küken geben ständig Pfeiflaute von sich. So können sie schnell wiedergefunden werden, sollten sie einmal auf Abwege geraten. Das Fazit: Ein alleinerziehender Vater mit einem guten Dutzend Kindern, nach menschlichen Maßstäben eine kinderreiche Familie – ist ein exotisches, aber durchaus erfolgreiches Familienmodell!

»QUEERE« VÖGEL?

Nach so vielen Lebensmodellen könnte eigentlich Schluss sein. Ist es aber nicht. Die Geschlechterbeziehungen sind endlos vielfältig, denn Vielfalt liegt der Natur zugrunde, auch der Natur des Menschen. Wenn die Bezeichnung »queer« für die Vielfalt der Geschlechteridentitäten steht, dann kann man diesen Begriff zwar nicht eins zu eins auf Tiere anwenden, da über deren Identität nur Mutmaßungen angestellt werden können, aber homosexuelles Verhalten lässt sich durchaus beobachten. Dafür muss man zunächst fragen, was ist eigentlich Geschlecht? Die Frage klingt simpel, ist aber hochkomplex. Die beharrlich praktizierte m/w-Zweiteilung geht an der Realität vorbei. Weiblich und männlich sind lediglich zwei Pole mit vielen Übergängen. Üblicherweise tragen weibliche Individuen XX-Chromosomen in sich, männliche XY. Doch es gibt auch Variationen. Bei 0,1 Prozent aller menschlichen Geburten wird eine Intergeschlechtlichkeit festgestellt, zum Beispiel Männer mit XXY-Chromosomen, also mit einem erhöhten weiblichen Geschlechtschromosomen-Anteil. Variationen und Übergänge sind an vielen Kriterien feststellbar: im Hormonspiegel, im Zellenaufbau, bei den Genitalien, im Gehirnaufbau und nicht zuletzt auch bei den Emotionen und im Denken. Zwischen »typisch« weiblich und »typisch« männlich liegt ein weites Feld von Diversität. Die »typischen« Mittelwerte täuschen und lassen nicht erkennen, dass die Unterschiede innerhalb jedes Geschlechts größer sind als zwischen den Geschlechtern. Queer ist überall, wo Leben ist und solange es Leben gibt.

Liebesbeziehungen zwischen zwei Menschen des gleichen Geschlechtes waren lange Zeit tabu. Die Strafverfolgung für derartiges Verhalten reicht mindestens 3000 Jahre zurück. Die Strafen erstreckten sich vom Auspeitschen bis zur Enthauptung. Die Weltgesundheitsorganisation WHO hat erst 1990 die Homosexualität von der Liste der psychischen Krankheiten gestrichen. Über Jahrhunderte galt der Lehrsatz, dass Frauen nur mit Männern komplett sind, wie auch umgekehrt. Doch diese Maxime gilt heute nicht mehr.

Neben einem Single-Leben sind auch gleichgeschlechtliche Partnerschaften in offenen Gesellschaften zunehmend anerkannt. Eine gesteigerte Akzeptanz, nicht zuletzt auch durch den Gesetzgeber, erleichtert wiederum ein Offenlegen der Verhältnisse. Über gleichgeschlechtliche Partnerschaften in der Natur war lange Zeit kaum etwas bekannt. Beziehungen zwischen zwei Weibchen oder zwei Männchen galten in den Anfängen der Vogelbeobachtung vor einhundert Jahren als Regelverstoß, als »Verhaltens-Irrung«. Das Urteil der Forscher war alles andere als objektiv begründet. Es resultierte zwangsläufig aus den allgemeinen Ansichten jener Zeit, die das bürgerliche Ideal von Ehe und Treue vor Augen hatten. Für Abweichungen war kein Raum vorgesehen. Neuere Forschungen belegen jedoch, dass homosexuelle Verhaltensweisen im Tierreich weiter verbreitet sind als lange Zeit angenommen. Von 1500 Tierarten kennt man homosexuelles Verhalten. Gleichgeschlechtliche Beziehungen wurden bei Säugetieren und Vögeln ebenso bekannt wie bei Fröschen, Fischen, Insekten und Würmern. Bei sozial lebenden Tieren kommt homosexuelles Verhalten gehäuft vor. Bei Giraffen wie auch bei Delfinen werden über die Hälfte aller Geschlechtsakte zwischen Männchen und Männchen vollzogen. Männliche Delfine können sich untereinander stundenlang streicheln. Männliche Löwen beweisen beispielsweise anderen Männchen ihre Loyalität, indem sie sich anbieten. Diverse Arten lösen angestaute Konflikte mit gleichgeschlechtlichem Sex. Die matriarchalisch organisierten Bonobos, man nennt sie mitunter Kamasutra-Affen, nutzen sexuelle Handlungen, um Aggressionen abzubauen.

In der Welt der Vögel scheinen es die gesellig lebenden Arten zu sein, bei denen gleichgeschlechtliche Beziehungen häufiger vorkommen. Von unseren heimischen Haubentauchern wurde berichtet, dass sich in lockeren Nichtbrütergruppen gelegentlich Paare gleichen Geschlechts herausbilden, meist sind es Männchen, die sich zueinander hingezogen fühlen und intensive freundschaftliche Beziehungen pflegen. Bei Flussseeschwalben wurden ähnliche Paarbildungen beobachtet, vor allem dann, wenn ein Seeschwalbenmännchen bei der Balz die Rolle des Weibchens übernimmt.

Gleichgeschlechtliche Partnerschaften findet man unter Albatrossen, die damit sogar den Fortbestand ihrer Spezies sichern. Um mehr über diese Tiere zu erfahren, machen wir einen Ausflug in den Pazifik. Albatrosse durchstreifen als ausgezeichnete Gleitflieger außerhalb der Brutzeit Tag und Nacht den Luftraum über dem Ozean. Sie können ein fast biblisches Alter von 80 Jahren erreichen. Den Seefahrern dienten diese zwei bis drei Kilogramm schweren Vögel in früheren Jahrhunderten zur Bereicherung der Bordverpflegung. Eine Albatros-Art brütet auf den Hawaii-Inseln in großen Brutkolonien mit bis zu 100 000 Tieren, vor allem auf der Insel Laysan. Deshalb heißen sie Laysan-Alba-

trosse. Als Jungvögel segeln sie nach dem Flüggewerden fast ohne Flügelschlag mit Tempo 80 um die halbe Welt und kehren drei Jahre später zur Brutkolonie zurück. Erst mit sieben bis acht Jahren werden sie geschlechtsreif und paaren sich zum ersten Mal. Als Hochzeitszeremonie wird ein aufwendiger Paartanz mit bis zu 25 Schritten aufgeführt. Die Verbindung hält in aller Regel lebenslang. Das Weibchen legt lediglich ein einziges Ei, das von beiden Elternteilen 65 Tage im Wechsel bebrütet wird. Das Küken wird mit dem ausgewürgten Mageninhalt der Eltern, bestehend aus angedautem Fisch, von Schnabel zu Schnabel gefüttert. Erst nach 160 Tagen wird das Junge flügge. So verlaufen die meisten Albatros-Biografien. Doch für einen großen Teil der Albatrosweibchen geht die Rechnung nicht auf.

In den Vogelkolonien herrscht oft chronischer Männchenmangel. Ein großer Teil der Albatrosweibchen steht deshalb vor der Wahl: entweder sich als Single-Mutter durchkämpfen oder mit einem zweiten Weibchen kooperieren. Ein Drittel aller Paare setzt sich schlussendlich aus zwei Weibchen zusammen. In der Aufzucht von Nachwuchs sind Paare aus zwei Weibchen erfolgreicher als Single-Mütter, denn sie können sich die Aufgaben teilen und haben darüber hinaus einen klaren Vorteil: Sie wechseln sich von einem Jahr aufs andere beim Austragen des Eies zeitlich ab. Ihre Körper sind so weniger Stress unterworfen als die der heterosexuellen Weibchen, die jedes Jahr ein Ei hervorbringen. Diese Weibchen haben eine höhere Lebenserwartung als ihre heterosexuellen Geschlechtsgenossinnen.

Völlig entgegengesetzt ist die Lage der Antipoden-Albatrosse, die mit ihrer drei Meter langen Flügelspannweite auf den Felsinseln der Antipoden im Südpazifik beheimatet sind. Hier leben dreimal so viele Männchen wie Weibchen. Der Grund dafür liegt darin, dass die Flugrouten der Weibchen industrielle Fischfanggebiete kreuzen und sie dadurch zu Tausenden in tödliche Fallen geraten. Den chronischen Weibchenmangel umgehen manche Männchen, indem sie sich zu »Männchenpaaren« zusammenschließen. Ihre Balzrituale mit zweisamen Tänzen, Flügelschwingen und gegenseitigem Schnäbeln an Kopf und Hals sind in ihrer Performance um keinen Deut schwächer als bei heterosexuellen Paaren. Auch diese Verbindungen können lebenslang Bestand haben.

Insgesamt kann ein Schwarm von den gleichgeschlechtlichen Beziehungen einzelner Mitglieder profitieren. Sie erlauben fast allen Spezies, flexibel auf Ungleichgewichte zu reagieren. Es befördert kooperative Aufzuchtformen, und es entschärft soziale und sexuelle Konflikte.

Auch unsere heimischen Entenweibchen entscheiden sich gelegentlich für gleichgeschlechtliche Partnerschaften. Das ist dann der Fall, wenn zwei Weibchen ihre Eier in ein und dasselbe Nest legen und eine Nistgemeinschaft gründen. Dann liegen dort nicht zehn, sondern 20 Eier im Nest. Die Befruchtung ist kein Problem, an Entensperma herrscht kein Mangel. Beide Weibchen können sich beim Brüten abwechseln. Die nestflüchtenden Küken werden gemeinsam zum Wasser geführt und betreut. Die Entenmännchen sind in dieser Frage ohnehin ein glatter Ausfall. Das ist gelebte weibliche Solidarität.

Noch entbehrlicher scheinen die Männchen bei den Puten zu sein. Eine Pute kann selbst unbefruchtete Eier erfolgreich bebrüten, sodass nach vier Wochen Putenküken schlüpfen. Hormone gaukeln eine Befruchtung vor, und die Eizelle beginnt sich zu teilen. Das grenzt an ein Wunder oder an Parthenogenese, auch Selbstbefruchtung genannt, wie bei Regenwürmern üblich. Doch die Sache hat einen Haken. Der Nachwuchs ist ausschließlich weiblich, ist Klon der Mutter und unfruchtbar dazu. Die industrielle Putenzucht wäre sehr interessiert, dieses Verfahren in die Massenproduktion einzuführen. Der Vorteil: Es müssten keine Truthähne (Puter) durchgefüttert werden. Das könnte den Profit steigern. Doch an dieser Stelle spielt die Natur nicht mit – ein Glück!

ODINSHÜHNCHEN – Rollentausch

Warum nicht einmal in die Rolle des anderen Geschlechts schlüpfen? Wäre es nicht immens horizonterweiternd, wenn Männer auch ganz praktisch erfahren könnten, wie Frauen denken und fühlen? Und umgekehrt ganz genauso? Könnten solche Erfahrungen die Verständigung zwischen den Geschlechtern nicht erheblich erleichtern und die Beziehungen harmonisieren?

Dass die Geschlechterrollen nicht so festgefahren sein müssen, hält viele von uns nicht davon ab, sie denkbar traditionell auszuleben. Der starke Mann soll mit Werkzeug besonders gut umgehen können, die schöne Frau mit Kleinkindern. Wenn ein Mensch sich dem verweigert, seine vorgezeichnete Geschlechterrolle oder sogar den Körperbau eintauschen will, bringt das hochkomplizierte psychologische, chirurgische, sogar gerichtliche Vorgänge mit sich. Die Vögel machen sich keine Gedanken und schreiten – instinktgesteuert – gleich zur Tat. Bei mehreren

Arten hat sich allein durch die Evolution eine Art Rollentausch ergeben.

Das, was sich manche Menschen wünschen, hat ein kleiner, zierlicher Vogel in der Einsamkeit der arktischen Tundra bereits in die Lebensrealität umgesetzt: den Rollentausch der Geschlechter. Es ist das Odinshühnchen, benannt nach dem höchsten germanischen Gott Odin. Dieses kleine Vögelchen stellt die Normalität der Vogelwelt ganz und gar auf den Kopf. Denn hier hat das Weibchen die Hosen an und spielt in der Partnerschaft die erste Geige.

Im Gegensatz zur oft üblichen Rollenverteilung bei Vögeln sind in diesem Falle die Weibchen die Schönen, aber gleichzeitig auch die Starken und Beherrschenden, kurzum, sie wären das Familienoberhaupt, wenn es denn eine Familie gäbe. Sie sind größer und kräftiger als die Männchen, zudem farbenprächtiger und mit der gefälligeren Stimme gesegnet. Allerdings ist das Odinshühnchen nicht »trans« in menschlichem Sinne. Hier findet lediglich ein Rollentausch statt. Ausgenommen davon ist die Eierproduktion, sie bleibt letztlich doch ausnahmslos, wie wir sehen werden, am Hühnchen hängen. Aber das ist auch schon alles an weiblicher Augenfälligkeit.

Beim Odinshühnchen handelt es sich nicht um ein Huhn, wie der Name vermuten ließe, sondern um einen kleinen, zart gebauten Watvogel, der an kleinen Seen und Tümpeln im hohen Norden Skandinaviens, Islands und Russlands seine Brutheimat hat, dort, wo die letzten Bäume, Birken und Weiden den unwirtlichen, bitterkalten Bedingungen gerade noch trotzen können. Fast immer tummelt sich dieser sperlingsgroße Vogel auf dem Wasser und nickt dabei unablässig mit seinem Köpfchen. Sein Markenzeichen: Wie ein flinker Kreisel dreht sich das Vögelchen im Wasser um die eigene Achse und scheucht dabei kleine Beutetiere auf. In Mitteleuropa lässt es sich nur selten an flachen Küsten blicken und fliegt fast ohne Rast ins warme Winterquartier am Persischen Golf.

Auf diesem spätsommerlichen Zug sind Weibchen wie Männchen mit gedeckten Farben ausgestattet, doch im Frühling ändert sich das Erscheinungsbild. Während die Männchen immer noch viel mattes Bleigrau tragen, werfen sich die Weibchen mit satten Farben in Schale. Sie übertrumpfen im Outfit die Männchen, legen sich ein Prachtkleid mit breitem, leuchtend rotbraunem Schal um und machen sich damit zum unverwechselbaren Blickfang. Um ihren Herrschaftsanspruch, ihre Macht und Stärke zu unterstreichen, schließen sich die Weibchen anfangs in Trupps zusammen und gehen auf Werbefeldzug. Mit schönen Kleidern und betörenden Gesängen versuchen die kleinen Hühnchen, die noch kleineren Hähnchen zu beeindrucken. Energisch und variantenreich rufen sie im Chor »tschick« (oder vielleicht doch »chic?«).

Posierend recken sie sich aus dem Wasser und setzen sich mit pfeifenden Flügelschlägen in Szene. Der Heiratsantrag wird vorgetragen als Flug flach über das Wasser. Nach der Landung werden die Männchen mit weichen Tönen angelockt. Das kommt gut an und bringt die Männchen in Wallung.

Das Hühnchen verpaart sich schließlich mit einem Hähnchen und legt die befruchteten Eier in eine Nestmulde am Boden, getarnt von überhängenden Seggenhalmen. Ist das Nest gefüllt, verlässt das Weibchen kurzerhand und ohne Abschiedsgruß den kleinen Gatten. Sie lässt ihn im wahrsten Sinne des Wortes sitzen – auf den Eiern.

Für dieses Gelege – der Nachlass einer kurzen, aber heißen Liebe – ist nun das treu sorgende Männchen allein verantwortlich. Ganz ohne Murren stellt sich der werdende Vogelvater den Herausforderungen. Mit seinem tarnfarbenen Federkleid fällt er beim Brüten nicht auf. Auch die Versorgung und Betreuung des

Nachwuchses obliegt allein dem Männchen. Das weiterziehende Weibchen balzt und präsentiert seinen schönen roten Hals bald vor anderen potenziellen Partnern. Nach einer knapp bemessenen Schamfrist von wenigen Tagen stellt es sich beim nächsten Männchen als heiße Liebhaberin vor. So kann das Hühnchen bis zu vier Partner in einer Saison nacheinander auf ihre Art beglücken. Die Rollen der Geschlechter sind komplett vertauscht, sieht man vom Eierlegen einmal ab. Das Weibchen zeigt sogar während seiner kurzen Gastrolle Revierverhalten und vertreibt eifersüchtig andere Weibchen. Es legt Wert auf klare Verhältnisse. So werden konsequent nur Eier in das Nest eines Männchens gelegt, die auch von diesem befruchtet wurden, ein ausgesprochen faires Verhalten, soweit man von Fairness überhaupt reden kann. Damit wachsen ausschließlich leibliche Vogelkinder heran, und alles hat seine Ordnung. Es handelt sich bei diesem Beziehungsmuster um eine aufeinanderfolgende, serielle Vielmännerei, um Polyandrie.

Worin bestehen die Vorteile der Vielmännerei? Sie liegen klar auf weiblicher Seite. Starke Weibchen nutzen auf diese Weise ihre Chancen auf eine Steigerung ihrer Nachkommenschaft. Statt vier Vogelkinder in einer Saison können im besten Falle viermal vier Jungvögel von ein und derselben Mutter das Licht der Welt erblicken. Für den kurzen arktischen Sommer, der bei monogamen Paarbeziehungen bestenfalls eine einzige erfolgreiche Brut zuließe, bietet die Vielmännerei-Lösung einen deutlichen Mehrwert für die Arterhaltung.

Das Odinshühnchen steht mit seiner Vorliebe für den Rollentausch nicht alleine da. Ähnliche Praktiken sind beim Mornellregenpfeifer beobachtet worden, einem in Deutschland ausgestorbenen, amselgroßen Watvogel, der noch im steinigen, baumlosen Norden Skandinaviens vorkommt. Nach der Rückkehr aus dem warmen Winterquartier präsentiert sich das Weibchen mit kreisenden Singflügen und stellt mit dem Ruf »bitt-bitt-bitt…« seinen Heiratsantrag. Zudem helfen ein Aufplustern des Gefieders und das Zittern der Flügel. Dick unterstrichen wird sein Ansinnen durch die auffallend weißen Bänder an Kopf und rostroter Brust. Während das Federkleid des Weibchens farbenfrohe, klare Konturen zeigt, wirkt das des Männchens verwaschener.

Die aktive Rolle bei der Paarung spielt eindeutig das Weibchen, dessen wilde Verfolgungen von Geschrei begleitet werden. Als Resultat des lauten Liebesspieles legt das Weibchen seine drei Eier in eine einfache, mit nur wenig Moos oder Flechten gepolsterte Nistmulde auf dem Boden. Das war es dann aber auch schon mit der Partnerschaft. Während das Männchen brav auf den Eiern Platz nimmt, schwirrt das Weibchen durch die Gegend und sucht nach neuen männlichen Opfern.

Der brütende, treu sorgende Vater lässt sich nicht aus der Ruhe bringen. Wie kaum ein anderer Vogel scheint er mit den ihm anvertrauten Eiern ein unzertrennliches Bündnis geschlossen zu haben, eine »Ehe« mit den Eiern gewissermaßen. Der Mornellregenpfeifer brütet selbst dann weiter, wenn seine Eier nicht mehr im Nest, sondern in einer Menschenhand liegen. Wenn die Jungen schlüpfen, müssen sie noch einen ganzen Monat betreut und versorgt werden. Als Bodenbrüter hat der zu den Regenpfeifern zählende Vogel viele hungrige Räuber abzuwehren. Rückt ein Fressfeind näher, täuscht der Vater eine Flügelverletzung vor und bietet sich zum Schein als leicht fassbare Beute an, um den ungebetenen Gast von den Jungvögeln abzulenken. Nicht immer gelingt es dem furchtlosen Vogel, seine Jungen großzuziehen. Aber das ist für die Arterhaltung nur halb so schlimm: Sein Weibchen hat vorgesorgt und noch anderenorts Männchen mit weiteren Bruten beauftragt.

KAMPFLÄUFER – Schein-Weibchen

Der Kampfläufer, ein mittelgroßer Watvogel der Sumpflandschaften, gehört zu den faszinierendsten Vogelarten Europas, sowohl was die Vielfalt des Federschmucks als auch das Paarungsverhalten angeht. Kampfläufer kommen noch vereinzelt in Norddeutschland vor und stehen auf der Roten Liste der vom Aussterben bedrohten Vogelarten. Seinen Namen trägt der kampfeslustige Vogel wegen des aggressiven Benehmens der Männchen bei der Partnerwahl, da werden imposante und durchaus sehenswerte Schaukämpfe geboten. Jeder altgediente Kämpfer besetzt seinen traditionellen Balzplatz, meist eine Schlammfläche in Quadratmetergröße, auch als Arena bezeichnet. Dieser bescheidene Flächenanspruch macht ein gemeinsames Balzen auf einem überschaubaren Turnierplatz und damit einen unmittelbaren Vergleich der Bewerber möglich.

Schon ihr Aussehen mit der perückenartigen Federhaube und der aufrichtbaren Halskrause macht Furore, noch mehr aber die Tatsache, dass jedes Männchen in ganz eigener Federpracht in unterschiedlichsten Variationen erscheint: Von Tiefschwarz über gestreiftes Kastanienbraun bis Orangerot und Weiß reicht das aufgebotene Farbspektrum des Kragens bei der Balz. Zur Schaustellung spreizen sie zusätzlich den Schwanz und öffnen ihre Schwingen. Nach dem sehr variablen Prachtkleid zu urteilen, sind Kampfläufer ausgesprochene Individualisten. Das eigene Erscheinungsbild ist besonders wichtig. Das Anderssein macht die Männchen in der Tat unverwechselbar. Auf Lautäußerungen wird dagegen verzichtet, die Vögel verhalten sich nahezu stumm. Man kann eben nicht alles haben. Aber nicht nur der äußerliche Schein ist ausschlaggebend, auch eine gute körperliche Kondition ist bei der Wahlentscheidung durch die deutlich kleineren Weibchen von Vorteil. So wird die Parade der Kampfhähne von halbmeterhohen Luftsprüngen begleitet, von Scheinangriffen mit dem Schnabel und den Beinen gegenüber Konkurrenten. Damit soll Stärke demonstriert werden, ohne tatsächlich gewalttätig zu werden.

Die Weibchen finden sich morgens auf den Balzplätzen ein und schauen sich das Spektakel an. Sie laufen zwischen den Hähnen umher und begutachten ihre Ausstattung und ihr Können. Nach gründlichem Abwägen treffen sie schließlich ihre Wahl des schönsten und kräftigsten Männchens und lassen sich von ihm begatten. Es ist der auserwählte Hauptmann oder besser Haupthahn, der in der Regel eine ganze Schar von Kampfläuferweibchen befruchtet und sie im Anschluss entlässt, als wäre nichts gewesen. Dies hat zur Folge, dass sich das Männchen weitgehend aus allem, was nach der Begattung folgt, entschieden heraushält, als wolle es jede Tatbeteiligung abstreiten. Mit diesem wenig solidarischen Verhalten frönt der Kampfläufer der Vielweiberei. Doch die Weibchen sind auch nicht auf den Kopf gefallen. Sie nehmen sich nebenher noch dieses oder jenes unterlegene, meist jüngere Männchen für eine weitere Begattung und leben somit ihre Neigung zur Vielmännerei aus. Das ist Polygynie und Polyandrie innerhalb einer Art. Wenn man so will, haben sich die Weibchen ihr Verhalten von den Männchen abgeschaut. Warum auch nicht?

Wie wir dank der Molekulargenetik inzwischen wissen, kommen Kampfläufer in drei genetischen Varianten vor. Neben den echten »Kämpfern« gibt es weniger schmucke Männchen mit hellem Kragen. Sie werden Satellitenmännchen genannt und haben kein eigenes Territorium. Diese Männchen halten sich am Rande der Residenzen von hochrangigen Kampfläufern auf und werden geduldet, weil sie den Arena-Besitzer in Weibchen-Augen attraktiver machen. Ist den Satellitenmännchen das Glück hold, können sie hin und wieder eine Zufallspaarung ergattern.

Die dritte genetische Variante ist das Einzigartige an den Kampfläufern: Rund ein Prozent der Männchen fällt völlig aus der Reihe. Sie gehören zu den krassen Abweichlern und meiden jedwedes männliche Kampf- und Schaugehabe. Rein äußerlich sind sie nicht von den Weibchen zu unterscheiden. Die Angleichung an die Weibchen geht sogar so weit, dass ihr Testosteronspiegel auffallend niedrig ist. Die Produktion des männlichen Sexualhormons bleibt auf einer Zwischenstufe stecken. Durch Analysen wurden bei Residenz-Männchen während der Balz sehr hohe Testosteronspiegel im Blut gemessen, während die Außenseiter-Männchen nur erhöhte Gehalte von Androstendion, einem Vorprodukt bei der Testosteronsynthese, zu bieten hatten. Diese schlicht gekleideten, harmlos aussehenden Männchen entgehen so der Aufmerksamkeit und den Aggressionen der Arena-Besitzer und erschleichen sich hin und wieder Kopulationen. Diese Schein-Weibchen halten ein Leben lang an diesem Kampfläufer-untypischen Verhalten fest. Sie gehen der Konkurrenz und dem energieintensiven »Kampf« komplett aus dem Wege, eine betont friedfertige und für sie offenbar erfolgreiche Paarungsstrategie.

Der Kampfläufer war einst in Mitteleuropa ein weitverbreiteter Vogel. Vor 150 Jahren begann ein dramatischer Bestandseinbruch. Die Entwässerung von Mooren und Feuchtwiesen und deren Umwandlung in produktive Agrarflächen zerstörten seine Lebensräume. Heute gibt es nur noch vereinzelte Bruten im nördlichen Mitteleuropa. Kampfläufer gehören auch zu jenen Arten, denen die Klimaerwärmung besonders zusetzt. Die britische Umweltbehörde hat untersuchen lassen, wie Vögel unter Zugrundelegung der Prognosen auf den Klimawandel reagieren werden. Demnach werden Kampfläufer bis Ende des 21. Jahrhunderts über die Hälfte ihres europäischen Verbreitungsgebietes verloren haben. Ähnliche Tendenzen zeigen sich auch bei anderen Vogelarten, die existenziell auf Feuchtgebiete angewiesen sind. Es gibt also auch im Hinblick auf die Vögel viele vernünftige Gründe, die Erderwärmung aufzuhalten.

ADIEU – Das Ende vom Liebeslied?

Es fängt alles so schön an, so romantisch, mit Liebesliedern und Liebesschwüren. Doch im Laufe der Zeit verstummen mitunter die Lieder, und die Schwüre geraten in Vergessenheit. Nüchternheit und Routine ziehen in den Partneralltag ein. Strapazen kommen hinzu, schlaflose Nächte und nervendes Kindergeschrei. Die Beziehung steht unter Spannung, bekommt erste Risse. Das könnte noch mal gut gehen – oder eben nicht.

Ehen sind mal fesselnde, mal langweilige Bündnisse von nicht selten begrenzter Haltbarkeit. Von modernen menschlichen Gesellschaften wissen wir, dass die Scheidungsraten bis an die 40 Prozent heranreichen. Wenn die Liebe zerbricht, wird der Bund fürs Leben geschieden und bleibt am Ende doch nur ein Bund für einen Lebensabschnitt. So der Blick auf die Menschenwelt. Und die Vögel? Schneiden sie besser ab, oder scheiden sie einfach besser?

Jahr für Jahr gehen über 90 Prozent der Vogelehen auseinander. Sommerzeit ist Trennungszeit. Für sich betrachtet ist es eine geradezu erschreckende Nachricht von unseren geliebten Vögeln. Die gute Botschaft aber ist, dass die Trennungen nicht wie der Blitz aus heiterem Himmel einschlagen, sondern planmäßig erfolgen – meist zur rechten Zeit, nämlich dann, wenn die Vogelkinder aus dem Haus sind. Dann ist Schluss mit elterlichen Pflichten, und die meisten Ehen haben ausgedient. Sorgerecht für den Nachwuchs? Kein Fall für einen Anwalt! Aufteilung des gemeinsamen Besitzes? Für Vögel als geborene Minimalisten keine Debatte wert. Die alljährliche Trennung ist geplante Routine. Bei den meisten Vögeln handelt es sich von vornherein um Ehen auf Zeit. Sie sind zeitlich klar abgegrenzt und damit befristete Gemeinschaften. Fast alle Zugvögel reichen vor ihrem Abflug die Scheidung bei ihrem Partner ein – absolut formlos – und brechen dann Richtung Süden auf, natürlich ungebunden, solo, auch wenn im Schwarm unterwegs. Aber auch die meisten Standvögel, die im Winter in Mitteleuropa ausharren, ziehen im Sommer einen Schlussstrich unter den ungeschriebenen Ehevertrag. Dann kommt die Zeit, in der wieder jeder für sich selbst sorgen muss.

Es sind die Partner der Saisonehen, die sich nach jedem saisonal abgeschlossenen Brutgeschäft regulär aus dem Wege gehen, ohne Scheidungsklage und Trennungsschmerz. Ade, mein Schatz, ich scheide, mag mancher Vogel auf seine Art noch von sich geben. Wohlwollend betrachtet, könnte es sich auch um eine zeitweilige Aufhebung einer partnerschaftlichen Verbindung handeln. Es bleibt die Option, im Folgejahr die Beziehung fortzusetzen, so man sich zur rechten Zeit am rechten Platz einfindet und willens ist, es noch einmal miteinander zu probieren. Von Scheidung im strengen Sinne sollte man also besser nicht reden. Eher von Planerfüllung.

In beneidenswerter Weise haben Vögel die Leichtigkeit erfunden und machen sich das Leben nicht noch schwerer, als es schon ist. Wie sollten sie sonst auch singen und fliegen können? Sie binden sich nicht auf ewig, legen sich schon gar nicht in Ketten, auch nicht in goldene.

Eine Vogel-Minderheit tendiert zu mehr Dauerhaftigkeit. Ausgerechnet den Beziehungen der Rabenvögel wird nachgesagt, dass sie haltbarer sind als die Ehen zwischen zwei Menschen. Dass Raben besonders klug sind, wusste man schon im Mittelalter. Die Familienmitglieder der Rabenvögel, wozu die Elstern,

Dohlen, Häher, Kolkraben und Krähen zählen, werden zu den intelligentesten Vögeln gerechnet und können mit ihrer Hirngröße in Bezug zum Körpergewicht den Schimpansen Konkurrenz machen. Sind sie in Ehefragen vielleicht gescheiter als wir Menschen?

Zu den Vögeln mit der niedrigsten Scheidungsrate werden auch die Gänse gerechnet. Alle Arten von Wildgänsen leben in Dauerehe. Die ganzjährige Einbindung in den Familienbetrieb hat sich bewährt. Gemeinsamkeit macht stark, erhöht die Wachsamkeit und Sicherheit vor den überall lauernden Feinden. Auch die Schwäne ziehen den dauerhaften Bund fürs Leben vor und halten trotz mancher Höhen und Tiefen durch. Doch selbst die besten Ehen können einmal zerbrechen. Diese Trennungen bei vornehmlich partnertreuen Vogelarten gehen überwiegend von den Weibchen aus. In englischen Langzeitbeobachtungen von Schwänen wurde festgestellt, dass die lebenslange Einehe, wenngleich scheinbar die Regel, so doch kein Gesetz ist. Nur die knappe Hälfte der kontrollierten Schwäne hielt lebenslang am Partner und Brutplatz fest. Die andere Hälfte der Schwäne wechselte während ihres Lebens entweder den Partner, den Brutplatz oder beides. Nur selten war dabei der Tod eines Partners die Ursache für die Neuorientierung.

Einen anderen Grund für die Auflösung von Dauerehen lieferte ein internationales Forscherteam in *Biology Letters* am Beispiel von Wanderalbatrossen: Schüchterne Männchen, die anfangs manchem Weibchen begehrenswert erschienen sind, können in späteren Jahren von mutigen und aggressiveren Männchen verdrängt werden.

Doch nicht nur manche Dauerehen können unplanmäßige, überraschende Scheidungssituationen ereilen, auch in den besten Saisonehen kann so etwas zur Unzeit passieren. Warum trennen sich Vogelpaare, die noch Gemeinsames vorhatten? Ein Hauptgrund ist der ausbleibende Bruterfolg, wenn das Engagement eines Partners zu wünschen übrig lässt, es also irgendwie nicht so recht klappen will mit dem Nachwuchs, dann setzt Enttäuschung ein. Möglich, dass es in der Revierverteidigung schwächelt, dass die Eier nicht befruchtet werden, es an Nahrung mangelt oder das Nest einem Plünderer zum Opfer fiel. Weniger erfolgreiche Brutpaare haben nachweislich eine höhere Trennungsrate. So kam es bei Mehlschwalben nach missglückten Erstbruten häufiger zu Scheidungen als nach erfolgreichen Bruten. Auch bei Amseln, bei denen die Brut glücklos abgebrochen wurde, steht oft die Scheidung ins Haus. Trifft es auch bei Vogelpaaren zu, dass Kinder der Kitt einer Ehe sind, wie eine alte Volksweisheit verrät?

Die Trennung vom Partner ist im Leben eines Vogels nicht das Ende vom Lied. Fällt ein Partner aus, steht oft schon am Rande des Reviers der Nachfolger oder die Nachfolgerin bereit. Bei allen Vogelarten gibt es nicht nur verpaarte Individuen, sondern auch unverpaarte, ledige Wesen, denen bislang das Revier oder die Lebensgefährtin fehlte und die auf die Gunst der Stunde warten. Deren Paarungsbegehren werden allerorten kundgetan. Der Buschfunk arbeitet zuverlässig.

Eine gute Gelegenheit für Neueinsteiger ist die Methode der Umverpaarung. So kommt es nach Misserfolgen zum Wechsel, auch mitten in der Saison. Die schlauen Rabenvögel nutzen lieber die Winterzeit, in der die Bindungen gelockert sind. Bei den Dohlen kann es beispielsweise zum Verdrängen eines schwachen Weibchens in schlechter Verfassung durch ein lediges, aber stärkeres Weibchen kommen. Nicht immer entsteht diese neue Liaison abrupt, sodass es übergangsweise zur Trio-Bildung kommen kann. Probezeit für eine neue Familienaufstellung.

Und wie ergeht es den Geschiedenen in den neuen Beziehungen? Alles paletti? Die wieder vermählten Weibchen brüteten in der neuen Beziehung meist erfolgreicher, die Männchen hingegen hatten auch nicht mehr Glück als zuvor. Doch auch für die Bruterfolge der Weibchen gibt es Einschränkungen. Das Max-Planck-Institut für Vogelkunde fand heraus, dass die Zahl der Nachkommen nur dann stieg, wenn das Weibchen nach der Trennung in ein besseres Territorium umzog; blieb es dagegen in der Nähe des alten Reviers, änderte sich auch mit einem anderen Männchen nicht viel am Bruterfolg. Demnach wäre also der Stand des Futterkontos der entscheidende Faktor für die Haltbarkeit einer Beziehung. Nach Untersuchungen an Blaumeisenweibchen gelangten die Forschenden zu einer neuen Hypothese, nämlich, dass ein stärkeres Weibchen die ursprüngliche Partnerin vertreibt und das Männchen samt Top-Revier kapert. So gesehen wäre die Konkurrenz zwischen den Weibchen um bessere Aufstiegschancen der Auslöser für die Trennung.

Manche Vogeleltern trennen sich erst reichlich spät im Laufe einer Brut. Es handelt sich um eine Art Last-Minute-Scheidung, kurz vor dem eigentlichen Ende der Brutsaison. So kündigen manchmal Kiebitzmännchen bei späten Zweitbruten ihre Beziehung auf. Die werdenden Väter lassen ihre Weibchen einfach sitzen und ziehen fort, noch bevor sie ihre eigenen Jungen gesehen haben. Wenn ein ziehender Schwarm von Kiebitzen naht, dann kann der Zugtrieb stärker sein als der Vatertrieb.

Wir können festhalten: Die meisten Paartrennungen erfolgen im Reich der Vögel programmgemäß und sind unkritisch, ja sogar im gegenseitigen Einvernehmen. Insgesamt gesehen ist paarweises Agieren, gleichgültig ob als Saisonehe oder Dauerehe, für Vögel ein Erfolgsmodell. Das scheinen Vögel verstanden zu haben. Ein Verlassen des Partners zur Unzeit verursacht hohe Kosten: Beim alleingelassenen Partner erhöht sich der Stress, verschlechtert sich die Kondition, Nest und Nachwuchs unterliegen einer höheren Anfälligkeit gegenüber Feinden, die Verteidigungsstärke schrumpft, und die Futterversorgung läuft nur noch mit halber Kraft. Auch der flüchtige Partner steht erst mal vor dem Nichts. Wenn die Kosten den Nutzen deutlich übersteigen, ist eine Trennung auch in der Welt der Vogelbeziehungen wenig erstrebenswert. Wenn es darum geht, reichlich gesunden Nachwuchs aufzuziehen, müssen die Vogelpaare zusammenhalten. Die Partner sind bei dem straffen Zeitplan aufeinander angewiesen, um am Ende der Saison ihren Bruterfolg vorweisen zu können. Und nur darauf kommt es an.

Der unbestreitbare Vorteil der Vogelehen gegenüber den Menschenehen ist die – aus unserer Sicht – sehr knapp bemessene Zeitdauer der Fürsorge. Vogelkinder sind nach wenigen Wochen oder Monaten flugtüchtig und erwachsen. Die Vogeleltern haben damit ihre wichtigsten Aufgaben erfüllt und sind wieder frei von Verpflichtungen. Menschenkinder brauchen ein ganzes Jahr, um Laufen zu lernen, und fast zwei Jahrzehnte bis zum Erwachsensein – eine verdammt lange Zeit, eine echte Bewährungszeit, die der Mensch aussitzen muss …

Nachdem wir Einblicke in das Leben vieler Vögel gewonnen haben, könnten wir auf den Gedanken kommen, dass sie wenig Sinn für Familie entwickelt haben und ihre Partnerschaften nur Zweckbündnisse sind. Wir könnten uns aber auch irren. Vögel suchen sich ihren Partner oder ihre Partnerin, wie wir erfahren haben, mit großer Leidenschaft, um Nachwuchs zu zeugen. Dieser wird großgezogen und nach wenigen Wochen entlassen oder gar vertrieben. Von bleibendem, gemütlichem Familienleben keine Spur. Doch wir Menschen sind nicht das Maß aller Dinge. Schaut man sich die durchschnittliche Lebenserwartung der Singvögel von lediglich drei Jahren an, dann verbringen sie sehr wohl einen guten Teil ihres Lebens im familiären Kreis. Die aus menschlicher Sicht recht kurze Dauer von Ehe und Familie ist für die meisten Singvögel alles andere als eine marginale Episode. Vögel leben in anderen Zeithorizonten. Bezogen auf deren

Lebenserwartung praktizieren sie Ehe und Familie beinahe ihr halbes Leben lang und können so gesehen uns Menschen durchaus das Wasser reichen. Ihre aufopferungsvolle Fürsorge für die Nachkommen ist bewundernswert und verdient Respekt. Vögel haben es dadurch geschafft, sich über Millionen von Jahren am Leben zu erhalten, ohne andere Lebensformen auszurotten. Ob wir Menschen es schaffen, müssen wir erst noch beweisen.

Die wirklich großen Herausforderungen für Mensch und Vogel stehen uns erst noch bevor: Die sich verschärfende Erderhitzung wird zu viel schmerzhafteren Trennungen führen – zu Trennungen von Gewohntem und Liebgewordenem. In der Vogelwelt, so deuten erste Erkenntnisse an, werden im Zuge des Klimawandels einige Verhaltensänderungen eintreten. Je unvorhersehbarer die Lebensbedingungen und je krasser die Schwankungen werden, desto eher verlassen monogame Vögel ihren Partner oder ihre Partnerin. Einer Trennung folgt ein neuer Versuch mit einem neuen Partner, lebenstüchtigen Nachwuchs erfolgreich großzuziehen, um die eigene Art zu erhalten. Bei den Menschen könnte auch das Gegenteil eintreten: Krisenzeiten lassen Mann und Frau möglicherweise enger zusammenrücken. Scheidungen könnten sich als Luxus erweisen, wenn die Lebenslage prekär wird. Aber auch die Lust am Kinderkriegen schmilzt in vielen, vor allem reichen Ländern unter komplizierter werdenden Umständen mehr und mehr dahin. Stehen wir am Anfang vom Ende einer Epoche?

Wer wird überleben können in einer Welt, in der das Klima und die natürlichen Ökosysteme außer Kontrolle geraten, in der womöglich das Chaos ausbricht, wo ohne Rücksicht auf Verluste um die verbliebenen Ressourcen gekämpft wird? Haben Vögel mit ihrer Lebensweise und ihrer Anpassungsfähigkeit womöglich die besseren Chancen?

Vögel führen keine räuberischen Kriege, die Vernichtung anderer Populationen oder Arten ist ihnen fremd, sie sind seit eh und je klimaneutral unterwegs, plündern nicht die Schätze der Erde, ihre materiellen Ansprüche sind begrenzt. Sie haben weder den Müll erfunden noch die Gier nach immer mehr Besitz. Was die Schuldfrage an den globalen Krisen betrifft, so können wir bei den Vögeln gewiss auf Freispruch plädieren. Anders sieht es bei der menschlichen Population aus. Werden wir Menschen letzten Endes doch die großen Verlierer sein?

Gibt es einen Ausweg? Ja, wenn wir Menschen uns die Prinzipien der Vögel zum Vorbild nehmen, nicht irgendwann, sondern unverzüglich. Wenn wir Klimaschutz und Naturschutz endlich ernst nehmen, wenn jeder Einzelne und die Gesellschaft als Ganzes diese Themen zum wichtigsten Lebensinhalt erklären. Es geht um nicht weniger als um unser gemeinsames und einzigartiges Haus, für das es kein Duplikat gibt, das wir unbedingt zu bewahren haben, damit auch unsere Kinder und Enkel gut leben können.

Unsere akute Welt- und Lebenslage stimmt zunehmend besorgt und nachdenklich, doch Nachdenklichkeit allein reicht nicht mehr aus. Tätig werden ist angesagt. Kümmern wir uns um die Natur, kümmern wir uns auch um uns selbst. Wer sich für das Überleben der Vögel in seiner ganzen Vielfalt engagieren und gleichzeitig seinem Leben eine neue Bedeutung geben möchte, findet eine ganze Palette von Mitmachangeboten, sei es in einem Umweltverband oder beim Dachverband Deutscher Avifaunisten (www.dda-web.de). Dieser Verband koordiniert Monitoring-Programme zur Erfassung von Spechten, von Wiesenbrütern, von koloniebrütenden Vogelarten sowie von rastenden Wasservögeln. Spezialwissen der Teilnehmenden ist dafür nicht erforderlich, Begeisterung für die Sache ist wichtiger.

Ideal für Einsteigerinnen ist das Online-Portal »ornitho/NaturaList«, bei dem bereits 50 000 Menschen ihre Beobachtungen direkt per App mit dem Smartphone erfassen können. Hier trägt man nicht nur die selbst gesichteten Vogelarten ein, man erfährt auch, welche Arten andere Beobachterinnen in der Umgebung entdeckt haben. Das macht nicht nur neugierig und erweitert unseren Wissenshorizont, es schafft auch Kontakte zu Gleichgesinnten und gibt unserem Leben einen neuen Sinn – und es macht uns glücklich, wie eine EU-weite Studie über 26 Länder herausgefunden hat. Mit der Anzahl Vogelarten, die uns im Alltag begegnen, wächst nicht nur die Lebenszufriedenheit, auch unsere Gesundheit profitiert vom Naturaufenthalt. Bewegung an frischer Luft, Entspannung und erfreuende Sinneseindrücke senken unsere Erkrankungsrisiken signifikant. Nicht zuletzt trägt der Erkenntnisgewinn dazu bei, den eigenen Lebensstil nachhaltiger, natur- und klimafreundlicher und krisenfester zu gestalten. Wer kann dazu schon »Nein« sagen?

DANK

Das Leben, die Verhaltensweisen der Vögel sind nicht weniger von Vielfalt und Variantenreichtum geprägt als die von uns Menschen. Um dieses vorliegende Buch schreiben zu können, habe ich auf die Expertise, die Erfahrungen und die Beobachtungen unzähliger Menschen zurückgegriffen. Auch die Vögel selbst bitte ich um Nachsicht für unsere Neugier und unseren Wissensdurst, nur so konnten wir Spannendes aus ihrem Privatleben in Erfahrung bringen.

Allen hier Genannten und Ungenannten möchte ich für ihre erwiesenen Freundlichkeiten danken.

Hervorheben möchte ich Stefan Fischer und Christoph Sudfeldt vom Dachverband Deutscher Avifaunisten, Familie Dr. Kaatz vom Storchenhof Loburg, Professor Dr. Christian Kropf vom Naturhistorischen Museum Bern, Professor Dr. Gernot Geginat, Matthias Keller, René Köhler, Dr. Franziska Tanneberger vom Greifswald Moor Centrum, Ingolf Thodte sowie Thomas Hinsche.

Meine Lektorin, Frau Dr. Nicola von Bodman-Hensler vom Hanser Verlag München, hat mit ihrem großen Engagement, ihrem kritischen wie auch wohlwollenden Blick und mit ihren Ideen entscheidend zum Gelingen dieses Buches beigetragen.